合肥学院模块化教学改革系列教材

# 表面贴装技术（SMT）及应用

Surface Mount Technology (SMT) and Application

宋广远　主审
高先和
卢　军　编著

中国科学技术大学出版社

## 内 容 简 介

本书共分7章，主要内容包括：SMT简介、SMT工艺流程及贴装生产线、锡膏印刷机、SMT贴片技术、SMT焊接技术、SMT检测技术和SMT管理。本书在编写中注重教材的实用参考价值和适用性等，特别强调了生产现场的技能性指导，详细论述了焊锡膏印刷、贴片、回流焊接、检测等SMT关键工艺制程与关键设备使用维护方面的内容。为了便于理解与掌握，书中配置了大量的图片。

本书既可作为高等院校电子技术应用专业的教材，也可作为各类工科学校与SMT相关的其他专业的辅助教材及企业一线工人的培训材料。

**图书在版编目(CIP)数据**

表面贴装技术（SMT）及应用/高先和，卢军编著. —合肥：中国科学技术大学出版社，2018.8

ISBN 978-7-312-04344-4

Ⅰ.表… Ⅱ.① 高… ② 卢… Ⅲ.SMT技术—高等学校—教材 Ⅳ.TN305

中国版本图书馆CIP数据核字(2017)第267219号

**出版** 中国科学技术大学出版社
安徽省合肥市金寨路96号，230026
http://www.press.ustc.edu.cn
https://zgkxjsdxcbs.tmall.com
**印刷** 合肥市宏基印刷有限公司
**发行** 中国科学技术大学出版社
**经销** 全国新华书店
**开本** 787mm×1092mm 1/16
**印张** 10
**字数** 256千
**版次** 2018年8月第1版
**印次** 2018年8月第1次印刷
**定价** 36.00元

# 总　序

课程是高校应用型人才培养的核心，教材是高校课程教学的主要载体，承载着人才培养的教学内容，而教学内容的选择关乎人才培养的质量。编写优秀的教材是应用型人才培养过程中的重要环节。一直以来，我国普通高校教材所承载的教学内容多以学科知识发展的内在逻辑为标准，与课程相对应的知识在学科范围内不断地生长分化。高校教材的编排是按照学科发展的知识并因循其发展逻辑进行的，再由教师依序系统地教给学生。

若我们转变观念——大学的学习应以学生为中心，那我们势必会关注“学生通过大学阶段的学习能够做什么”，我们势必会考虑“哪些能力是学生通过学习应该获得的”，而不是“哪些内容是教师要讲授的”，高校教材承载的教学内容及其构成形式随即发生了变化，突破学科知识体系定势，对原有知识按照学生的需求和应获得的能力进行重构，才能符合应用型人才培养的目标。合肥学院借鉴了德国经验，实施的一系列教育教学改革，特别是课程改革都是以学生的“学”为中心的，围绕课程改革在教材建设方面也做了一些积极的探索。

合肥学院与德国应用科学大学有30多年的合作历史。1985年，安徽省人民政府和德国下萨克森州政府签署了“按照德国应用科学大学办学模式，共建一所示范性应用型本科院校”的协议，合肥学院（原合肥联合大学）成为德方在中国最早重点援建的两所示范性应用科学大学之一。目前，我校是中德在应用型高等教育领域里合作交流规模最大、合作程度最深的高校。在长期合作的过程中，我校借鉴了德国应用科学大学的经验，将德国经验本土化，为我国的应用型人才培养模式改革做出了积极的贡献。在前期工作的基础上，我校深入研究欧洲，特别是德国在高等教育领域的改革和发展状况，结合博洛尼亚进程中的课程改革理念，根据我国国情和高等教育的实际，开展模块化课程改革。我们通过校企深度合作，通过大量的行业、企业调研，了解社会、行业、企业对人才的需求以及专业对应的岗位群，岗位所需要的知识、能力、素质，在此基础上制订人才培养方案和选择确定教学内容，并及时实行动态调整，吸收最新的行业前沿知识，解决人才培养和社会需求适应度不高的问题。2014年，合肥学院“突破学科定势，打造模块化课程，重构能力导向的应用型人才培养教学体系”获得了国家教学成果一等奖。

为了配合模块化课程改革，合肥学院积极组织模块化系列教材的编写工作。以实施模块化教学改革的专业为单位，教材在内容设计上突出应用型人才能力的培养。即将出版的这套丛书此前作为讲义，已在我校试用多年，并经过多次修改。教材明确定位于应用型人才的培养目标，其内容体现了模块化课程改革的成果，具有以下主要特点：

(1) 适合应用型人才培养。改"知识输入导向"为"知识输出导向"，改"哪些内容是教师要讲授的"为"哪些能力是学生通过学习应该获得的"，根据应用型人才的培养目标，突破学科知识体系定势，对原有知识、能力、要素进行重构，以期符合应用型人才培养目标。

(2) 强化学生能力培养。模块化系列教材坚持以能力为导向，改"知识逻辑体系"为"技术逻辑体系"，优化和整合课程内容，降低教学内容的重复性；专业课注重理论联系实际，重视实践教学和学生能力培养。

(3) 有利于学生个性化学习。模块化系列教材所属的模块具有灵活性和可拆分性的特点，学生可以根据自己的兴趣、爱好以及需要，选择不同模块进行学习。

(4) 有利于资源共享。在模块化教学体系中，要建立"模块池"，模块池是所有模块的集合地，可以供应用型本科高校选修学习，模块化教材很好地反映了这一点。模块化系列教材是我校模块化课程改革思想的体现，出版的目的之一是与同行共同探索应用型本科高校课程、教材的改革，努力实现资源共享。

(5) 突出学生的"学"。模块化系列教材既有课程体系改革，也有教学方法、考试方法改革，还有学分计算方法改革。其中，学分计算方法采用欧洲的"workload"(即"学习负荷"，学生必须投入28小时学习，并通过考核才可获得1学分)。这既包括对教师授课量的考核，又包括对学生自主学习量的考核，在关注教师"教"的同时，更加关注学生的"学"，促进了"教"和"学"的统一。

围绕着模块化教学改革进行的教材建设，是我校十几年来教育教学改革大胆实践的成果，广大教师为此付出了很多的心血。在模块化系列教材付梓之时，我要感谢参与编写教材以及参与改革的全体老师，感谢他们在教材编写和学校教学改革中的付出与贡献！同时感谢中国科学技术大学出版社为系列教材的出版提供了服务和平台！希望更多的老师能参与到教材编写中，更好地展现我校的教学改革成果。

应用型人才培养的课程改革任重而道远，模块化系列教材的出版，是我们深化课程改革迈出的又一步。由于编者水平有限，书中还存在不足，希望专家、学者和同行们多提意见，提高教材的质量，以飨莘莘学子！

是为序。

合肥学院党委书记　蔡敬民<br>2016年7月28日于合肥学院

# 前　　言

表面贴装技术(SMT)是一个复杂的系统技术,是由众多技术复合而成的,是理论到实际应用的重要环节。SMT在电子工业中引起了一场变革和进步,被誉为"第四次组装革命"。SMT现已成为电子专业技术基础的一部分,本书基于项目驱动方式,系统地介绍了SMT的各个工艺环节的技术,为电子智能制造打下了基础。

本书内容丰富实用,叙述简洁清晰,工程实践性强,注重培养学生综合分析、开发创新和工程设计制造的能力。本书可作为高等院校电子信息工程、通信工程、自动化、电气控制等专业学生的教材,也可作为学生参加各类电子制作、课程设计、毕业设计的教学参考书,还可作为工程技术人员进行电子产品设计与制造的参考书。

本书共分7章。第1章介绍了SMT的工艺内容、发展的现状和趋势,使读者对SMT有初步的了解。第2章介绍了SMT工艺的一般流程,在插、贴混合组装和全面贴装工艺中需要注意的一般问题,以及SMT生产线的设计和设备规划。第3章介绍了锡膏印刷机的使用要点,以日东G310印刷机为例介绍软件操作。第4章介绍了目前市场上常用贴片机的类型和各自的特点,贴片机是SMT生产线中的重要设备,以市面上常用的几款贴片机为例,介绍了贴片机的编程过程和使用方法。第5章介绍了回流焊接技术和波峰焊接技术,系统介绍了无铅回流焊接中的温度曲线,温度曲线是提高焊接质量、减少焊接缺陷的关键;同时介绍了在波峰焊接技术中应注意的系列问题。第6章介绍了SMT的常规检测技术及方法,一般有在线式和离线式,AOI自动光学检测一般较为常用,X射线检测机是BGA封装器件焊接中不可缺少的检测设备。第7章介绍了SMT生产工艺的过程管理要点和SMT的常用国际标准。

本书由高先和拟订编写大纲。高先和编写了第1章、第4章、第5章,卢军编写了第2章、第3章、第6章、第7章,孙博瑞、石响、黄建东、何清松、袁敏、姜海洋、刘冬、张凯文、吴志康、郑荣生、曹茜茜、熊海峰、张欣雷、潘洋、周泽华等参加了编写工作。本书由高先和统稿,安徽省电子学会SMT专业委员会秘书长宋广远审稿。

本书是在积累了多年文档及工程项目成果的基础上编写而成的。书中的大多数工艺编排都是多年来积累的电路设计和小规模生产的实例，有非常强的实用价值和参考意义。本书在编写过程中参考了大量的国内外著作和资料，在此向这些作者表示衷心的感谢。

受编者的水平和时间的限制，书中不足之处在所难免，敬请读者批评、指正。

编　者

2017 年 6 月于合肥

# 目　录

# 第1章　SMT简介

## 1.1　SMT概述

电子电路表面贴装技术(Surface Mount Technology,SMT)是现代电子产品先进制造技术的重要组成部分。其技术内容包含表面贴装元器件、组装基板、组装材料、组装工艺、组装设计、组装测试与检测技术、组装及其测试和检测设备、组装系统控制和管理等,技术范畴涉及材料、制造、电子技术、检测与控制、系统工程等诸多学科,是一项综合性工程科学技术。

下面列出的是SMT的主要内容。

**1. 表面贴装元器件构成**

设计——结构尺寸、端子形式、耐焊接等。

制造——各种元器件的安装制造技术。

包装——编带式、管式、托盘、散装等。

**2. 电路基板**

单(多)层印制电路板、陶瓷、瓷釉金属板、夹层板等。

**3. 组装设计**

电设计、热设计、元器件布局、基板图形布线设计等。

**4. 组装工艺**

组装材料:黏结剂、焊料、焊剂、清洗剂等。

组装工艺设计:涂敷技术、贴装技术、焊接技术、清洗技术、检测技术等。

组装设备应用:涂敷设备、贴装机、焊接机、清洗机、测试设备等。

**5. 组装系统控制与管理**

组装生产线或系统组成、控制与管理等。

## 1.2　SMT工艺技术内容及特点

### 1.2.1　SMT主要内容

SMT是一门新兴的、综合性的工程科学技术,涉及机械、电子、光学、材料、化工、计算机、网络、自动控制。SMT技术体系如图1.1所示。

SMT 是一项复杂的系统工程，是众多技术的复合技术。从行业上讲，SMT 不仅涉及电子整机与设备制造业，还涉及元器件制造业、PCB 制造业、材料制造业和生产工艺设备制造业，但最终服务于电子整机的制造。伴随着表面贴装元件（Surface Mounting Components，SMC）、表面贴装器件（Surface Mounting Devices，SMD）的产生和发展，SMT 以电子组装生产技术的面貌在电子工业中引起了一场变革和进步，被誉为“第四次组装革命”。

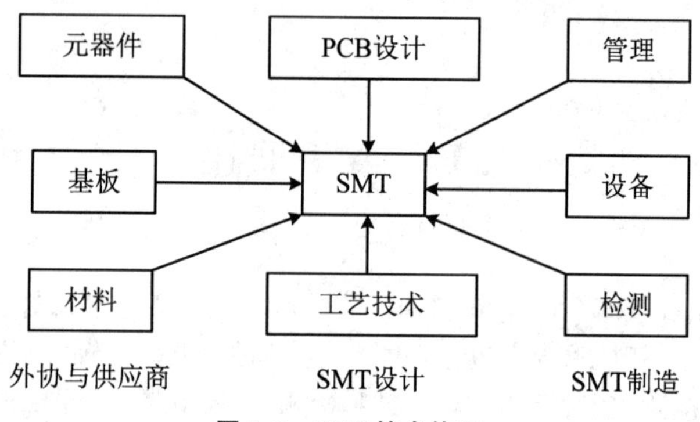


**图 1.1　SMT 技术体系**

从技术角度上讲，SMT 技术是元器件、印制板、SMT 设计、组装工艺、设备、材料和检查技术等的复合技术。SMT 设计技术是 SMT 在多支持技术之间的桥梁和关键技术。SMC/SMD 是 SMT 的基础，SMT 应用的好坏，50%以上取决于对 SMC/SMD 的掌握程度和开发能力。基板是元器件互连的结构件，在保证电子组装的电气性能和可靠性方面起着重要作用。组装工艺和设备是实现 SMT 产品的工具和手段，决定着生产率和质量成果。检测技术则是 SMT 产品质量的重要保证。

## 1.2.2　SMT 工艺技术的主要内容

表面贴装技术是用一定的工具将表面贴装元器件的引脚对准预先涂覆了黏结剂和焊锡膏的焊盘，把表面贴装元器件贴装到未钻安装孔的 PCB 表面上，然后经过回流焊或波峰焊使表面贴装元器件和电路之间建立可靠的机械和电气连接。表面贴装技术如图 1.2 所示。与通孔插装技术（Through Hole Technology，THT）相比，SMT 具有以下特点。

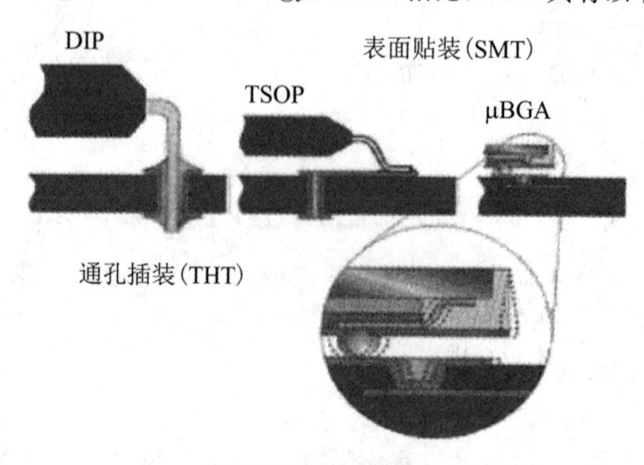


**图 1.2　表面贴装技术**

**1. 组装密度高，电子产品体积小，质量轻**

SMC/SMD的体积、质量只有传统插装元器件的1/10左右，而且可以安装在表面安装板(Surface Mounting Board，SMB)或PCB的两面，有效地利用了印制电路板板面，减轻了表面安装板的重量。例如，将中规模集成电路(MSI)、大规模集成电路(LSI)在PCB上通孔安装，则引线中心距为2.54 mm，所占面积很大；20引脚双列直插式封装(Dual In-Line Package，DIP)的MSI的安装面积为10.16 mm×25.4 mm；64引脚DIP的LSI的安装面积为25.4 mm×76.2 mm，插脚增加2倍，安装面积增加6.5倍。若采用无引线器件SMC进行表面安装，则引脚中心距为0.63 mm，64引脚器件，安装面积只有12.7 mm×12.7 mm。这个例子说明，SMT安装密度比传统THT安装密度高11倍多。一般采用SMT后，电子产品体积缩小40%～60%，质量减轻60%～80%。

**2. 可靠性高，抗震能力强**

由于SMC/SMD是无引线或短引线的，又牢固地贴装在PCB表面上，因此其可靠性高，抗震能力强。SMT的焊点缺陷率比THT至少低一个数量级。

**3. 高频特性好**

由于SMC、SMD减少了引线分布特性的影响，而且在PCB表面上贴焊牢固，大大降低了寄生电容和引线间的寄生电感，因此在很大程度上减少了电磁干扰和射频干扰，改善了高频特性。

**4. 易于实现自动化，提高生产效率**

与THT相比，SMT更适合自动化生产。THT根据不同的元器件需要不同的插装机(DIP插装机、径向插装机、轴向插装机、编带机等)，每一台机器都需要调整装备时间，维护工作量较大。而SMT用一台贴片机(Pickand Place Machine)就可以配置不同的上料架和取放头，安装所有类型的SMC/SMD，减少了调整准备时间和维修工作量。

**5. 降低成本**

SMT使PCB布线密度增加、钻孔数目减少、孔径变细、面积缩小、同功能的PCB层数减少，这些都使PCB的制造成本降低。无引线或短引线的SMC/SMD节省了引线材料，省略了剪线、折弯工序，减少了设备、人力费用。频率特性的提高减少了射频调试难度。电路缩小、质量减轻，降低了整机成本。贴焊可靠性提高，可靠性好使返修成本降低。因此，一般电子设备采用SMT后，可使产品总成本降低30%～60%。

### 1.2.3 SMT工艺技术的主要特点

采用表面贴装技术形成的电子产品(以下简称SMT产品)一般均具有元器件种类繁多、元器件在印制电路板(Printed Circuit Board，PCB)上分布密度高、引脚间距小、焊点微型化等特征，而且，其组装焊接点既有机械性能要求，又有电气、物理性能要求。为此，与之对应的表面贴装工艺技术除了具有涉及技术领域范围宽、学科综合性强的特征外，还具有下列特点：

① 组装对象(元器件、多芯片组件、接插件等)种类多；

② 组装精度和组装质量要求高，组装过程复杂及控制要求严格；

③ 组装过程自动化程度高，大多需借助或依靠专用组装设备完成；

④ 组装工艺所涉及的技术内容丰富且有较大技术难度；

⑤ SMT 及其元器件发展迅速引起的组装技术更新速度快等。

### 1.2.4 SMT 应用产品类型

SMT 根据电子产品的不同用途，一般将其分为 8 种不同的类型。

**1. 消费类产品**

消费类产品包括游戏、玩具、声像电子设备。一般来说，通用的尺寸和多功能性作为考虑重点，但是产品的成本也是极为重要的。

**2. 通用产品**

如小型企业和个人使用的通用型计算机。与消费类产品比较，用户期望此类产品具有较长的使用寿命，并能享有长期的服务。

**3. 通信产品**

通信产品包括电话、转换设备、PBX 和交换机。这些产品要求使用寿命长，且能够应用于要求较高的地方。

**4. 民用飞机**

要求尺寸小、质量轻和可靠性高。

**5. 工业产品**

尺寸和功能是这类产品重点关注的对象。成本也是非常重要的，在降低成本的同时，需确保产品达到高性能和多功能的要求。

**6. 高性能产品**

由陆地军用产品和军舰产品、高速大容量计算机、测试设备、关键的工艺控制器和医疗设备构成。可靠性和性能是至关重要的，其次是尺寸和功能。

**7. 航天产品**

航天产品包括所有能够满足外界恶劣环境要求的产品。也就是说，在各种不同环境和极端的自然条件下可达到优质和高性能的产品。

**8. 军用航空电子产品**

需满足机械变化和热变化的要求，应重点考虑产品的尺寸、质量、性能和可靠性。

## 1.3 SMT 的发展现状

作为第四代电子组装技术的 SMT，已经在现代电子产品，特别是在尖端科技电子设备、军用电子设备的微型化、轻量化、高性能、高可靠性发展中发挥了极其重要的作用。贴片电子组件的开发应用，促进了 SMT 的应用和发展；SMT 的发展反过来又促进了贴片电子组件的开发。

### 1.3.1 国外 SMT 发展现状

表面贴装技术是从厚、薄膜混合电路演变发展起来的。美国是世界上最先使用 SMD 与

SMT 的国家，并一直重视在此类电子产品中的投资。在军事装备领域，表面贴装技术发挥了高组装密度和高可靠性能方面的优势，具有很高的水平。

**1. SMT 的发展阶段**

在 20 世纪 50 年代，被称作扁平组件的表面贴装器件曾被用于高可靠的军用产品，它们被认为是组装在 PCB 上的第一代表面组件。表面贴装技术的重要基础之一是表面贴装元器件，SMT 的发展需求和发展程度也主要受 SMC/SMD 发展水平的制约。为此，SMT 的发展史与 SMC/SMD 的发展史基本是同步的，SMT 发展至今，已经历了三大阶段。

(1) 第一阶段(1970～1975 年)

第一阶段以小型化作为主要目标，此时的表面贴装元器件主要用于混合集成电路，如石英表和计算器等。在该发展阶段初期，欧洲飞利浦公司研制出可进行表面贴装的纽扣状微型器件，供手表工业使用，这种器件已发展成现在表面贴装用的小外形(Small Outline，SO)或小外形集成电路(SOIC)。

混合集成技术对当今 SMT 的发展做出了重大贡献，使混合集成工业开发的布局和焊接技术成为当今 SMT 的一部分。美国在军事应用领域所做的大量开发工作也为当今 SMT 奠定了基础。例如，为了缩小大数目引脚封装尺寸，军事上需要将元器件密封且所有 4 个边上都有引脚，因此，在 20 世纪 70 年代就已开发出无引脚陶瓷芯片载体(Leadless Ceramic Chip Carrier，LCCC)。

然而，LCCC 本身也存在着问题：它要求与热膨胀系数(CTE)匹配的、价格昂贵的基板，以防止由于陶瓷部分和玻璃环氧基板间 CTE 的不匹配而造成的焊点断裂。在军事应用方面，美国曾花费大量的人力、财力来开发 LCCC 可接受的基板，然而结果并不十分令人满意。

日本在 20 世纪 70 年代从美国引进 SMD 和 SMT，将其应用在消费类电子产品领域，并投入巨资大力加强基础材料、基础技术和推广应用方面的研究开发工作。70 年代初期，日本开始使用方形扁平包装(QFP)的集成电路来制造计算器。QFP 的引脚分布在器件的四边，鸥翼形引脚的中心距仅为 1 mm(40 mil)、0.8 mm(33 mil)、0.65 mm(25 mil)或更小，而引脚数可达几百针。

美国所研制的带引脚的塑封芯片载体(Plastic Leaded Chip Carrier，PLCC)器件的引脚分布在器件的四边，引脚中心距一般为 1.27 mm(50 mil)，引脚呈"J"形，PLCC 占用组装面积小，引脚不易变形。SOIC、QFP、PLCC 都是塑料外壳，不是全密封器件，显然，这种器件在很多场合满足不了使用要求。为满足军事需要，美国于 20 世纪 70 年代研制出无引脚陶瓷芯片载体(LCCC)的全密封器件，它以分布在器件四边的金属化焊盘来代替引脚，由于 LCCC 无引脚地组装在电路中，引入的寄生参数小，噪声和延时特性有明显改善。同时，陶瓷外壳的热阻也比塑料的小，故它通用于高频、高性能和高可靠的电路。但因为它直接组装在基板表面，没有引脚来帮助吸收应力，因而在使用过程中易造成焊点开裂。由于使用陶瓷金属化封装，LCCC 的价格要比其他类型的器件价格高，从而导致其应用受到一定的限制。该阶段初期，SMT 的水平以组装引脚中心距为 1.27 mm 的 SMC/SMD 为标志。

(2) 第二阶段(1976～1980 年)

第二阶段的主要目标是减小电子产品的单位体积，提高电路效能，产品主要用于摄像机、录像机、电子照相机等。在这段时间内，元器件和组装工艺以及支撑材料日渐成熟，从而为 SMT 的大发展奠定了基础。

20 世纪 70 年代流行的双列直插式封装芯片面积、封装面积之比约为 1∶80；80 年代出现的芯片载体封装尺寸大幅度减小，以方形扁平封装（QFP）为例，其芯片面积、封装面积之比约为 1∶7.8，仍然有 7～8 倍之差。从 80 年代开始逐渐演变到可装组 0.65 mm 和 0.3 mm 细引脚间距的 SMC/SMD 阶段。

从 20 世纪 80 年代中后期起，日本加速了 SMT 在电子设备领域中的全面推广应用。仅用了四年时间，SMT 在计算机和通信设备中的应用数量增长了近 30%，在传真机中增长 40%，日本很快超过了美国，在 SMT 方面处于世界领先地位。

欧洲各国 SMT 的起步较晚，但有较好的工业基础，发展十分迅速，其技术水平和整机中 SMC、SMD 的使用率仅次于日本和美国。20 世纪 80 年代以来，亚洲四小龙（新加坡、韩国、中国香港和中国台湾）不惜投入巨资，纷纷引进先进技术，使 SMT 获得较快的发展。

（3）第三阶段（1981～1995 年）

第三阶段的主要目标是降低成本，大力发展组装设备，表面贴装元器件进一步微型化，电子产品的性能价格比得到了进一步提高。当前，SMT 已进入微组装、高密度组装和立体组装技术的新阶段，以及 MCM（多芯片模块）、BGA（球栅阵列）、CSP（芯片级封装）等新型表面贴装元器件的快速发展和大量应用阶段。

SMT 的快速发展，给集成电路器件的进一步微型化、高密度化开辟了应用新天地。20 世纪 90 年代，IC 发展到了将一个系统做在一个芯片上的新阶段，与之相应的高密度封装的任务就是要将中央处理器（Central Processing Unit，CPU）、摄录一体机之类的许多小系统在尽可能小的体积内组装成一个大系统。而要实现更高度的封装，几十年来主宰、制约电子组装技术发展的芯片小、封装大，这一芯片与封装的矛盾就显得尤为突出。

20 世纪 80 年代后期开发的多芯片模块（MCM）技术，将多个裸芯片进行封装，直接组装于同一基板并封装于同一壳体内。与一般的 SMT 相比，其面积为原来的 1/6～1/3，质量为原来的 1/3。特别是从电气性能方面考虑，芯片的封装必然伴随着配线和电气连接的延伸。因此，MCM 裸芯片封装还有信号延迟改善、结温下降、可靠性改进等一系列优点，是实现高密度、微型化较理想的组装技术。但是，MCM 要求质量可靠的裸芯片（Known Good Die，KGD），且对各种形状、大小以及焊脚数不同、功能不同的 KGD 进行实验和老化筛选又是极困难的，这样会由于 KGD 的难以保障而导致 MCM 成品率降低、成本提高。

同时，CSP 具有其芯片面积与封装面积接近相等、可进行与常规封装 IC 相同的处理和实验、可进行老化筛选、制造成本低等特点，从 20 世纪 90 年代初期开始脱颖而出。1994 年，日本各制造公司已有各种各样的 CSP 方案提出。1996 年开始，已有小批量产品出现。另一方面，IC 集成度的增大使得同一 SMD 的输入/输出（Input/Output，I/O）数（即引脚数）大增。为了适应这种需求，在 SMD 表面将引脚规则地分布成栅格阵列型的 SMD 也从 90 年代开始发展，并很快得以普及应用，其典型产品为球形栅格阵列（BGA）器件。

现阶段 SMT 与 SMC/SMD 的发展相适应，在发展和完善引脚间距 0.3 mm 及其以下的超细间距组装技术的同时，BGA 和 CSP 等新型器件的组装技术也在迅猛发展。

由此可见，表面贴装元器件的不断缩小和变化，促进了组装技术的不断发展，而组装技术在提高组装密度的同时，又对元器件提出了新的技术要求和配套性要求。可以说，两者是相互依存、相互促进的。

**2. SMT 主要设备发展情况**

随着 SMC/SMD 研制技术的提高和 SMT 的迅速发展，SMC/SMD 在品种日益增多的基础上，又不断开拓出新的应用领域。1979 年，采用 SMT 技术的大量表面贴装元器件被用于电子调谐器生产，这是加快SMC和SMT发展的一个转折点。SMT和SMC/SMD在美国、日本等国开始应用于录像机、摄像机、收音机、录音机、音响设备、电视机和计算机等整个电子行业，并且不断向汽车、钟表、照相机、手机等行业渗透。因此，SMC与SMT作为一种的电子组件技术，可以说是世界电子行业生产的一个突破。

① 贴装机发展水平指标主要有三个方面：可贴装元器件的尺寸范围、贴装速度和贴装精度。目前，国外先进的贴装机主要有以下特点：高稳定性的机座和防震对策；高精度图像数据处理技术，提高了图像数据处理的可靠性；灵活的贴装高度调整，实现了贴装的“软着陆”；采用了高分辨率的线性编码器闭环系统；采用了交流伺服闭环系统，有效提高了贴装的可靠性；采用了激光测量技术，突破了QFP贴装尺寸40 $mm^2$ 的界限，并正在进一步地改进适合于0.3 mm间距的QFP贴装。

② 回流焊机的发展随着世界范围取缔含氯氟烃(Chlorofluorocarbon，CFC)活动的深入开展，从20世纪80年代中后期以来，免清洗焊接技术的研发和推广应用越来越受到重视，这是SMT焊接技术的重要发展方向。目前，先进的回流焊机的特点如下：采用强制对流热风加热循环系统，并可在充氮和免充氮之间进行选择；采用热线加热方式取代传统的电热板加热方式，效率更高，耗能减少；采用计算机或可编程逻辑控制器(Programmable Logic Controller，PLC)控制取代传统的仪表控制；良好的人机界面极大地方便了用户的使用；丰富的计算机软、硬件资源完善了回流焊机的多功能检测和控制，极大地提高了产品的附加值；丰富的用户资源和在线测试系统为产品的焊接提供了强有力的保证。

③ 丝印机的发展、窄间距器件的发展和普及，对丝印工艺提出了更高的要求。为确保丝印质量、减少人为因素的干扰，丝印机在以下几个方面得到了充分的发展：采用高精度的图像识别系统，有效地保证了丝印精度；丰富的电脑管理系统，极大地提高了生产管理的质量；优良的环境调节系统，能随时设定所需温度和湿度，确保丝印过程中得到最好的效果。

目前，国外在SMT领域内，技术上已非常成熟，设备的发展也已成套，并逐步向大型化、智能化、高度集中管理的方向发展。全世界电子组件的片状化率已超过50%，当前的普通电子元器件约有90%可以用贴片组件的封装形式生产，包括阻容组件、晶体管、集成电路、线圈以及开关、微型电动机等。因此，贴片电子组件的开发和应用，完全改变了传统的PCB结构和装焊工艺，是电子产品组装技术的一次革命。

### 1.3.2 国内SMT发展现状

SMT在投资类电子产品、军事装备领域、计算机、通信设备、彩电、录像机、摄像机、袖珍式高档多波段收音机、随身听和智能手机等几乎所有的电子产品生产中都得到了广泛应用。SMT是电子装联技术的发展方向，已成为世界电子组装技术的主流。

我国SMT的应用起步于20世纪80年代初期，最初从美、日等国成套引进SMT生产线，用于彩电生产。随后应用于录像机、摄像机、袖珍式高档多波段收音机、随身听等产品生产中，并在计算机、通信设备、航空航天电子产品中也逐渐得到应用。目前，国内SMT生产线近万条，并且仍在迅速增加。

在国内，无论是片式组件生产线，还是贴装生产线，几乎全是从国外引进的，而且这种状态还会延续下去。同时，SMC的产量不高，品种也不齐全，而且不能成套提供，从而影响了SMT的推广应用。少数表面贴装有源组件处于试生产阶段，多数产品还没有实现商品化生产，其原因主要包括：表面贴装元器件是一种高技术产品，我国目前的技术水平、设备、模具等条件满足不了这种新型电子元器件的要求；生产单位对市场需求不明确，难于决策投资；研制单位缺少资金和先进设备，样品水平不高，可靠性差；由于原材料基本依赖进口，故产品成本高，影响推广使用；我国目前尚不能制造高质量的SMT贴片设备，几乎全部靠引进设备，从而严重限制了大范围推广该项技术；缺少权威性的质量监测和认证体系，基础标准薄弱，尚无完整的标准化体系。以上这些因素都影响了产品发展和质量的提高。

SMT在国外的发展直接影响到我国。20世纪80年代中后期，在原电子工业部的领导下，我国开始了SMT设备的研发工作。其间，我们取得了不少阶段性的成果，并为今后我国SMT的发展起到了积极的推动作用。但是，由于当时产品市场化意识不够，许多SMT设备没有推向市场。因此，就目前而言，我国的SMT设备较世界先进水平相差很远。

**1. 贴装机的发展**

我国贴装机的起步始于20世纪80年代中期，先后有许多单位从事过贴装机的研发。1988年12月，原电子工业部43所成功研制出国内第一台PTI-02型低速贴装机，贴装速度为2000片/h，精度为±0.2 mm。

原电子工业部21所在平面机基础上，于1989年12月研制出中速贴装机，速度为4000片/h，精度为±0.2 mm。原电子工业部2所于1992年3月研制出低速贴装机，速度为1800片/h，精度为±0.2 mm，并于1994年4月研制出SMT-F40自动贴装机，速度为3000片/h，精度为±0.15 mm。目前，仍有不少单位在继续做这方面的工作。

可以说，我国在贴装机的研制上取得了一定的成果。但遗憾的是，产品在取得阶段性成果后却没有继续发展下去。因此，就贴装机这一领域而言，我国在此市场上基本是空白的，国内也只有少数几家生产着半自动、手动贴装机来满足用户的需要。

**2. 回流焊机的发展**

回流焊机是我国在SMT设备中最早商品化的产品。从事此项研发的单位主要有原电子工业部2所、原电子工业部43所和电子科技大学校办工厂等。近年来，还有许多工厂开始从事这方面的生产。目前，此类产品在我国发展得最快，技术上也趋向成熟，而且产品也初步实现了系列化，其较高的性价比，极大地满足了国内用户的需要。

但是，与国外同类设备相比，我国在以下几个方面还存在严重不足：

(1) 加热方式单一

我国的回流焊机从最早的纯红外加热，逐渐转向红外热风加热。例如原电子工业部2所生产的P18-T200回流焊机就首次在焊接区采用了特制红外的陶瓷基板加热风循环搅拌系统，极大地提高了产品的性能。但是，由于国内目前没有大型多功能回流焊机，因而还不能满足国内一些特殊用户的需要。

(2) 性能指标落后

衡量回流焊机优劣的一项重要技术指标是炉膛横截面温度的均匀性。国外目前该项指标为±2 ℃，我国回流焊机目前大多数不提供该指标。原电子工业部2所的P18-T200机型的指标为±5 ℃，在红外/红外热风回流焊机技术标准中，该项指标也初定为不大于6 ℃。温差过大将直接影响那些对温度要求苛刻的产品。

(3) 控制方式简单

国内回流焊机早期基本上采用仪表控制，少数采用单片机、PC电脑控制，这就会使用户在今后的大批量生产管理上出现难题。国外目前已淘汰仪表控制方式，全部采用计算机或

PLC 控制。一方面它利用计算机丰富的软、硬件资源提高产品附加值；另一方面它又极大地减少了人为因素的干扰，使之操作更具备科学性，减少随意性，从而有效地保证了产品的最终焊接质量。

**3. 丝印机的发展**

目前，我国虽然有半自动和自动丝印机，但主要以生产手动丝印机为主，这在一定程度上满足了国内许多电子产品生产厂家的需要。但是，随着 SMT 的深入推广，特别是近几年窄间距器件的飞速发展，手动丝印机的使用将越来越受到限制。这是因为其定位精度不够，无法满足窄间距元器件的需要；重复性差，受人为因素干扰太多，无法保证丝印工艺的一致性；操作随意性大，无法满足自动化大批量生产的需要。

近年来，随着 SMT 在电子、通信领域的广泛应用，SMT 在我国得到了前所未有的发展，一大批专门从事 SMT 工艺研究的人员出现，从而大大地推动了我国 SMT 设备的发展。由于 SMT 的应用在我国尚属发展阶段，故其巨大的市场潜力吸引了众多的国外厂商，同时也使我国 SMT 设备的发展面临着机遇和挑战。

## 1.4 SMT 的发展趋势

作为第四代电子装联技术的 SMT，已经在现代电子产品，特别是在尖端科技电子设备、军用电子设备的微型化、轻量化、高性能、高可靠性进程中发挥了极其重要的作用。2010 年，全球范围插装元器件的使用率由 40%下降到 10%，反之，SMC/SMD 的使用率从 60%上升到 90%左右。

### 1.4.1 表面贴装工艺的发展趋势

SMT 自 20 世纪 60 年代问世以来，经过 50 多年的发展，已进入完全成熟阶段，不仅成为当代电路组装技术的主流，而且继续深入发展。就封装期间的组装工艺来说，SMT 的发展已经接近极限（二维封装），应在此基础上积极开展多芯片模块和三维组装技术的研究。

**1. 芯片级组装技术**

自从 1947 年世界上第一只晶体管问世以来，特别是随着大规模集成电路、超大规模集成电路及专用集成电路（Application Specific Integrated Circuit，ASIC）器件的飞速发展，出现了各种先进的 IC 封装技术，如 DIP、SOP（Small Outline Package，小外形封装）、QFP、BGA 和 CSP 等。随着 SMT 技术的成熟，将裸芯片直接贴装到 PCB 上已被提到日程，特别是低膨胀系数的 PCB 一级专用焊接和填充料的成功开发，这些制约裸芯片发展的瓶颈技术的解决，使裸芯片技术进入一个高速发展的新时代。1997 年以来，裸芯片的年增长率已达到 30%以上，发展较为迅速的裸芯片应用包括计算机的相关部件，如微处理器、高速内存和硬盘驱动器等。除此之外，还有一些便携式设备，如手机和便携电脑等。最终所有的消费电子产品，由于对高性能的要求和小型化发展趋势，也将大量使用裸芯片技术，因而裸芯片技术必将成为 21 世纪芯片应用的发展主流。

裸芯片焊接技术有 3 种主要形式：芯片直接组装（Chip On Board，COB）技术、自动带焊

(Tape Automatic Boarding, TAB)技术和倒装片技术。

(1) 芯片直接组装技术

表面贴装技术是当今高密度引脚数组件的新领域。尽管这显示出实际的设计与制造的优越性,但是它的能力远未被完全认识。通过减小引脚间距,表面组件可以大大地缩小尺寸(目前表面组件引脚间距为 1.27 mm(50 mil))。为了获得更好的投资效益,已有引脚更密(0.84 mm(33 mil)、0.63 mm(25 mil)和 0.50 mm(20 mil)间距)的组件被开发出来,这种趋势将导致 0.25 mm(10 mil)引脚间距的组件问世。将单个管芯或多个管芯的芯片直接贴装在基板上,可以进一步减小 PCB 的面积。这就是所谓的芯片组装技术。

用 COB 技术封装的裸芯片,其芯片主体和 I/O 端子(焊区)在晶体上方,焊区周边分布在芯片的四边。在焊接时,先将裸芯片用导电/导热胶粘在 PCB 上,凝固后,用线焊机将金属丝(Al 或 Au)在超声、热压的作用下,分别连接在芯片上的 I/O 端子焊区和 PCB 相对应的焊盘上,测试合格后再封上树脂胶。COB 技术具有价格低廉、节约空间和工艺成熟的优点。

COB 技术致力于降低成本和节省投资。由于基板上用了裸露的 IC 芯片,因而基本实现了成本的降低。这里不存在封装管芯片的成本问题。由于在芯片与引脚中使用的银膏昂贵,因而在某些应用中用锡膏来代替银膏以降低成本。然而,为了使用锡膏,就需要在管芯背面镀一层金,这样就抵消了其他成本的节约,同时也给 PCB 制造商增加了负担。

(2) 自动带焊技术

TAB 技术比 COB 技术优越之处在于:TAB 在 PCB 上分布较低,且由于 COB 中引脚较长,故引脚电感约高 20%,这使得在电学性质(尤其是在高频下)方面 TAB 比 COB 要好。

(3) 倒装片技术

与 COB 相比,倒装片的 I/O 端子以面阵列式排列在芯片上,并在 I/O 端子表面制造成焊料凸点。焊接时,只要将芯片反置于 PCB 上,使凸点对准 PCB 上的焊盘,加热后就能实现 FC 与 PCB 的互连,因而 FC 可以采用类似于 SMT 的技术手段进行加工。早在 20 世纪 60 年代末,国际商用机器(International Business Machine, IBM)公司就把 FC 技术大量应用于计算机中,即在陶瓷 PCB 上贴装高密度的 FC。到了 20 世纪 90 年代,该技术已在多种行业的电子产品中加以应用,特别是在便携式的通信设备中。IBM 公司将 FC 连接到 PCB 的过程称为受控的塌陷芯片连接(Controlled Collapse Chip Connection, C4)。在焊接过程中裸芯片一方面受到熔化焊料表面张力的影响,可以自行校正位置,另一方面又受到重力的影响,芯片高度有限度地下降。因此,FC 无论是封装还是焊接,其工艺都是可靠的和可行的。当前该技术已引起电子装配行业的广泛重视。由于管芯比任何引脚间距的组件要小得多,因而与 COB 技术相比,倒装片技术提供的节省空间是非常明显的。

**2. 多芯片模块(MCM)技术**

MCM 是 20 世纪 90 年代以来发展较快的一种先进的混合集成电路,它把几块 IC 芯片组装在一块电路板上,构成功能电路块,称之为多芯片模块。可以说 MCM 技术是 SMT 的延伸,一组 MCM 的功能相当于一个分系统的功能。通常 MCM 基板的布线多于 4 层,且有 100 个以上的 I/O 引出端,并将 CSP、FC、ASIC 器件与之互连。它代表着 20 世纪 90 年代电子组装技术的精华,是半导体集成电路技术、厚/薄膜混合微电子技术、PCB 电路技术的结晶,国际上称之为微电子组装技术。MCM 技术主要用于超高速计算机、外层空间电子技术中。

MCM 技术通常分为三大类,即薄片多芯片模块(Multichip Module-Laminar, MCM-L)、

陶瓷多芯片模块(Multichip Module-Ceramic,MCM-C)和沉积多芯片模块(Multichip Module-Deposition,MCM-D)。MCM-L是在印刷电路上制作成高密度组装和互连的技术,是PCB组装技术的延伸与发展;MCM-C是在陶瓷多层基板上用厚膜和薄膜多层方法来完成高密度组装和互连的技术;MCM-D是在硅基板或其他新型基板上采用沉积方法制作薄膜多层高密度组装和互连的技术。在MCM制作过程中,MCM-D的技术含量最高。

若把几块MCM组装在普通电路板上,就实现了电子设备或系统级的功能,从而使军事和工业用电路组件实现了模块化。21世纪的前20年是MCM推广应用和使电子设备变革的时期。

**3. 三维立体组装技术**

三维立体组装技术(简称3D组装技术)的指导思想是把IC芯片(MCM片、WSI大圆片规模集成片)逐片叠加起来,利用芯片的侧面边缘和垂直方向进行互连,将水平组装向垂直方向发展为立体组装。实现三维组装不但使电子产品的密度更高,也使其功能更多、信号传输更快、性能更好、可靠性更高,而电子系统的相对成本却会降低,是目前硅芯片技术的最高水平。

当前实现3D组装的途径大致有3种:一是在多层基板内或多层布线介质中埋置R(电阻)、C(电容)及IC,基板顶端再贴装片式元器件,此方法称为埋置型3D结构;二是将硅大圆片规模集成片作为基板,在其上进行多层布线,最上层再贴装SMD构成3D,此方法称为有源基板型3D结构;三是将MCM上、下层双叠互连起来称为3D,此方法称为叠装型3D结构。

## 1.4.2 表面贴装设备的发展趋势

表面贴装设备的发展和进步主要朝着四个方向:一是与新型表面贴装元器件的组装需求相适应;二是与新型组装材料的发展相适应;三是与现代电子产品的品种多、更新快的特性相适应;四是与高密度组装、三维立体组装、微机电系统组装等新型形式的组装需求相适应。

**1. 贴装机**

目前高速机的贴装速度可达到0.06 s/Chip组件;高精度贴装机的重复贴装精度达到0.05 mm×0.0127 mm;多功能机最小能贴装0201(0.6 mm×0.3 mm)的码片组件,最大可以贴装60 mm×60 mm的大器件,可以贴装SOIC、PLCC、QFP、BGA、CSP一级倒装片等器件,还可以贴装150 mm长的长插座等异形组件。贴装机的发展趋势是高速、高精度和多功能。

**2. 印刷机**

由于新型SMD不断出现、组装密度的提高和免清洗要求,印刷机将朝着高密度、高精度和多功能方向发展。

**3. 回流焊**

目前,回流焊正在向全热风及热风加红外方式发展。随着免清洗和无铅焊接要求,出现充氮气焊接技术,适应无铅焊接的耐高温回流焊已成为回流焊的发展趋势。

**4. 波峰焊**

由于免清洗焊剂要求焊剂量少而均匀,需要用喷雾方法进行定量喷涂,因而要增加焊剂喷雾装置。充氮气装置也是由于免清洗要求而提出的，适应无铅焊接的耐高温波峰焊也成为波峰焊的发展趋势。

**5. 返修设备及修板专用工具**

由于高密度窄间距以及BGA的出现，返修设备有了很大的发展，通常配有显示器装置，底部和侧面配有反射光学系统，可拆卸、焊接窄间距器件和BGA、CSP。专用工具包括各种规格的拆、焊装置和各种各样适合SMC/SMD的修板专用工具。

**6. 清洗设备**

目前，美国、日本的民用电器生产基本上已采用免清洗工艺，但有些军品和高频等特殊电子产品还需要清洗。根据不同工厂、不同产品，可采用水洗、半水洗、氯氟碳氢化合物(Hydro Chloro Fluoro Carbon，HCFC)或非臭氧层损耗物质(Ozone Depletion Substances，ODS)溶液清洗。除了传统的超声、气相和水清洗设备，目前又推出环保型的纯溶剂清洗设备。

**7. 检测设备**

检测设备主要有自动光学检测(Automatic Optical Inspection，AOI)、X射线检测和超声波检测，X射线检测正在迅速发展。



## 1.5 SMT教育与培训

在推动现代化和新型工业化的过程中，制造业应该起到基础性、支柱性产业的作用。在以前的10年里，全世界电子产品的硬件装配生产已经全面转变到以SMT为核心的第四代主流工艺。一切生产过程的管理与运作必须遵从以ISO9000系列质量管理体系标准和ISO14000系列环境管理标准为代表的现代化科学模式。现在，我国已经加入WTO，这不仅要求国家的宏观经济与国际接轨，而且我们培养的工程技术人才及从业劳动者的素质和技能也必须符合行业进步的需求。在今后的10～20年，我国劳动力市场急需大量熟悉电子产品制造过程的技术人员，因此必须培养一大批多层次的、具有现代电子制造专业知识和技能的工程技术人员。

**1. 高等教育**

SMT是一门新兴的、综合性的先进制造技术和综合型工程科学技术，涉及机械、电子、光学、材料、化工、计算机、网络、自动控制、管理等学科知识，要掌握这样一门综合型工程科学技术，必须经过系统的专业知识的学习和培训。然而，由于SMT的新兴特点，在我国，与之相应的学科、专业建设和教学培训体系建设工作才刚刚起步，大学所设工科院系很难满足SMT要求。

桂林电子工业学院的微电子组装与封装专业是全国工科院校中最早建立的。目前，我国其余高校几乎无此类专业，有些高校(如清华大学、华南理工大学、西南交通大学、哈尔滨工业大学、东南大学)设有焊接与电子装联等研究方向，且重点放在硕士、博士层次；在技术应用型层次上，设有SMT专业的院校寥寥无几。虽然大多数工科院校均设有机电一体化或电子机械(机械电子)专业，但都没有针对电子产品的制造应用领域专业，并且旧的教学模式使我们在人才培养的方法和途径上受到了很大的制约，在人才的培养规格、课程体系的设置、实践性教学体系的安排上还没有完全摆脱原有教育模式，加之SMT设备投入较大和“产学”结合方面存在不足，使得SMT教育在层面上出现了偏差，使毕业生在技术应用领域内缺乏应用能力。

电子产品的制造技术和工艺学在国内一直没有被纳入高等工科院校的教学体系。电子类是我国工科院校的一个传统专业，但就一般毕业生来说，他们在校期间学习的知识与实际工作的需求相差很大，往往落后于社会的需求。这不仅与教学安排及教材相对落后于实际技术发展有关，而且还与目前高校工程工艺实训环境和设备条件的现状有关。

当前，在不少高等院校里，与电子产品制造技术有关的实训方式存在显著的问题。第一，就实训产品本身来说，内容陈旧。在21世纪的今天，组装收音机早已成为初中学生的课外活动内容，而目前，大多数电子实训关注的焦点在于组装的成功率，即“收音机是否能够调通，喇叭能否出声”，似乎把结果代替了过程。第二，当代电子产品中几乎全部采用了SMT技术，但在我国高校的教学实验环境中，还很少见到采用SMT技术的教学实验设备，无论是电路、模拟及数字等专业基础课，还是控制、数字信号处理(Digital System Process，DSP)等专业课的实验装置，大多还是采用分立的或双列直插(DIP)方式的电路元器件，学生很难对SMT时代的电子产品产生感性认识，更不要说让学生通过电子实训亲自操作，直接认识当代电子产品的元器件、结构、特点、生产方法与设备了。通过组装低档次的半导体收音机，是无法让学生真正了解现代电子产品制造技术的，这与发达国家先进、普及的职业技术教育相差甚远。

因此，SMT专业理论教学需以电子产品的结构与工艺设计、信息处理、计算机辅助设计为核心，建立与现代电子产品设计与工艺相适应的、可持续发展的技术理论课程体系。在课程设置中，机电结合，加强计算机在电子产品结构与工艺设计中的应用及现代设计、制造软件的使用，突出先进性和应用性。实践教学体系主要由课程实验与设计、实习与实训、现场与案例教学、专业综合实践和毕业设计等环节组成。在电子类专业工程工艺实训方面，把SMT融于电子工艺课程之中。在课程设置和实训环节的安排方面，不仅培养学生掌握电子产品生产的基本技能，充分理解工艺工作在产品制造过程中的重要地位，还要求学生能够从更高的层面了解现代化电子产品生产的全过程，了解目前我国电子产品生产中最先进的技术和设备。

**2. 技术培训**

系统的、全面的人才需要通过正规教育去培养，但是一般大学培养出合格人才至少需要3～5年，甚至更长时间，这就使技术培训任务艰巨。即使有了相应毕业生，由于技术发展速度很快，仍然需要不断更新和补充知识。所以企业的教育培训应该是一项长期的工作任务，要适应现代化和工业化对工程技术人才培养的需求，为电子产品制造业培养一批高层次的，特别是能够在电子产品制造现场指导生产、解决实际问题的工艺工程师和高级技师。

按照国际规范，我国启动了工程师制度改革，成立了工程师制度改革协调小组，中国科协、人事部等17个部委参与此项工作，中国科协作为副组长单位，牵头组织专业技术资格国际互认。目前，我国成立了“中国电子学会SMT技术资格认证项目组”，其负责在全国范围内开展电子信息技术表面贴装专业技术资格(助理工程师、工程师、高级工程师)认证和证书颁发组织工作，以满足SMT领域内技术人员对技术资格认证的需求。

# 第2章 SMT工艺流程及贴装生产线

## 2.1 SMT贴装方式及工艺流程设计

### 2.1.1 贴装方式

SMT的贴装方式及其工艺流程主要取决于表面贴装组件的类型、使用的元器件种类和贴装设备条件。大体上可将SMA分成单面混合贴装、双面混合贴装和全表面贴装3种类型共6种贴装方式,如表2.1所示。不同类型的SMA的贴装方式有所不同,同一种类型的SMA的贴装方式也可以有所不同。

表2.1 SMT贴装方式

| 序号 | 贴装方式 | | 电路基板 | 元器件 | 特 征 |
|---|---|---|---|---|---|
| 1 | 单面混合贴装 | 先贴法 | 单面PCB | 表面贴装元器件及通孔插装元器件 | 先贴后插,工艺简单,贴装密度低 |
| 2 | | 后贴法 | 单面PCB | 同上 | 先插后贴,工艺较复杂,贴装密度高 |
| 3 | 双面混合贴装 | SMD和THC都在A面 | 双面PCB | 同上 | 先贴后插,工艺较复杂,贴装密度高 |
| 4 | | THC在A面,A、B两面都有SMD | 双面PCB | 同上 | THC和SMC/SMD贴装在PCB同一侧 |
| 5 | 全表面贴装 | 单面全表面贴装 | 单面PCB 陶瓷基板 | 表面贴装元器件 | 工艺简单,适用于小型、薄型化的电路贴装 |
| 6 | | 双面全表面贴装 | 双面PCB 陶瓷基板 | 同上 | 高密度贴装,薄型化 |

根据贴装产品的具体要求和贴装设备的条件选择合适的贴装方式,是高效率、低成本贴装生产的基础,也是SMT工艺设计的主要内容。

**1. 单面混合贴装**

第1类是单面混合贴装,即SMC/SMD与通孔插装元件(THC)分布在PCB不同面上的混装,但其焊接面仅为单面。这一类贴装方式均采用单面PCB和波峰焊接(现一般采用双波峰焊)工艺,具体有两种贴装方式。

(1) 先贴法

第 1 种贴装方式称为先贴法,即在 PCB 的 B 面(焊接面)先贴装 SMC/SMD,而后在 A 面插装 THC。

(2) 后贴法

第 2 种贴装方式称为后贴法,即先在 PCB 的 A 面插装 THC,后在 B 面贴装 SMD。

**2. 双面混合贴装**

第 2 类是双面混合贴装。SMC/SMD 和 THC 可混合分布在 PCB 的同一面,同时,SMC/SMD 也可分布在 PCB 的双面。双面混合贴装采用双面 PCB、双波峰焊接或回流焊接。在这一类贴装方式中也有先贴还是后贴 SMC/SMD 的区别,一般根据 SMC/SMD 的类型和 PCB 的大小合理选择,通常采用先贴法较多。该类贴装常用两种贴装方式。

(1) SMC/SMD 和 THC 同侧方式

表 2.1 中所列的第 3 种,SMC/SMD 和 THC 同在 PCB 的一侧,都在 A 面。

(2) SMC/SMD 和 THC 不同侧方式

表 2.1 中所列的第 4 种,把表面贴装集成芯片(SMIC)和 THC 放在 PCB 的 A 面,而把 SMC 和小外形晶体管(SOT)放在 B 面。

这类贴装方式由于是在 PCB 的单面或双面贴装 SMC/SMD,而又把难以表面贴装化的有引线元件插入贴装,因此贴装密度相当高。

**3. 全表面贴装**

第 3 类是全表面贴装,在 PCB 上只有 SMC/SMD 而无 THC。虽然目前元器件还未完全实现 SMT 化,但实际应用中这种贴装形式较多。这一类贴装方式一般是在细线图形的 PCB 或陶瓷基板上,采用细间距器件和回流焊接工艺进行贴装。它也有两种贴装方式。

(1) 单面表面贴装方式

表 2.1 所列的第 5 种方式,采用单面 PCB 在单面表面贴装 SMC/SMD。

(2) 双面表面贴装方式

表 2.1 所列的第 6 种方式,采用双面 PCB 在双面表面贴装 SMC/SMD,贴装密度更高。

## 2.1.2 贴装工艺流程

合理的工艺流程是贴装质量和效率的保障,表面贴装方式确定之后,就可以根据需要和具体设备条件确定工艺流程了。不同的贴装方式有不同的工艺流程,同一贴装方式也可以有不同的工艺流程,这主要取决于所用元器件的类型、SMA 的贴装质量要求、贴装设备和贴装生产线的条件,以及贴装生产的实际条件等。

**1. 单面混合贴装工艺流程**

单面混合贴装方式有两种类型的工艺流程,一种采用 SMC/SMD 先贴法(见图 2.1(a)),另一种采用 SMC/SMD 后贴法(见图 2.1(b))。这两种工艺流程都采用了波峰焊接工艺。

SMC/SMD 先贴法是指在插装 THC 前先贴装 SMC/SMD,利用黏结剂将 SMC/SMD 暂时固定在 PCB 的贴装面上,待插装 THC 后,采用波峰焊进行焊接。而 SMC/SMD 后贴则是先插装 THC,再贴装 SMC/SMD。

SMC/SMD 先贴法的工艺特点是黏结剂涂敷容易，操作简单，但需留下插装 THC 时弯曲引线的操作空间，因此贴装密度较低。而且插装 THC 时容易碰到已贴装好的 SMD，而引起 SMD 损坏或受机械振动脱落。为了避免这种现象，黏结剂应具有较高的黏结强度，以耐机械冲击。

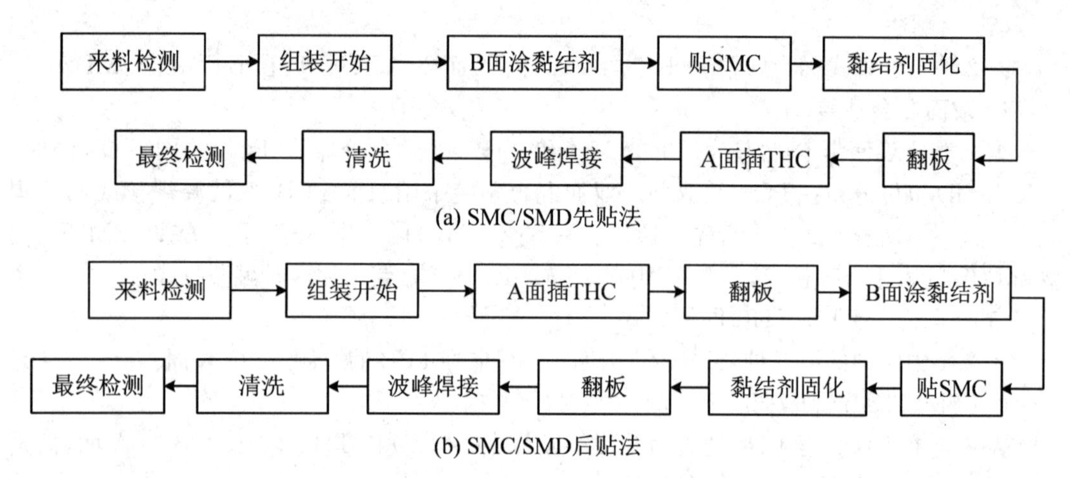


**图 2.1　SMC/SMD 先贴法与后贴法**

SMC/SMD 后贴法克服了 SMC/SMD 先贴法方式的缺点，提高了贴装密度，但涂敷黏结剂较困难。这种贴装方式广泛用于 TV、VTR 等 PCB 组件的贴装中。

**2. 双面混合贴装工艺流程**

双面 PCB 混合贴装有两种贴装方式：一种是 SMC/SMD 和 THC 同在电路板的 A 面（表 2.1 中的第 3 种方式）；另一种是 PCB 的 A 面和 B 面都有 SMC/SMD，而 THC 只在 A 面（表 2.1 中的第 4 种方式）。双面 PCB 混合贴装一般都采用 SMC/SMD 法。

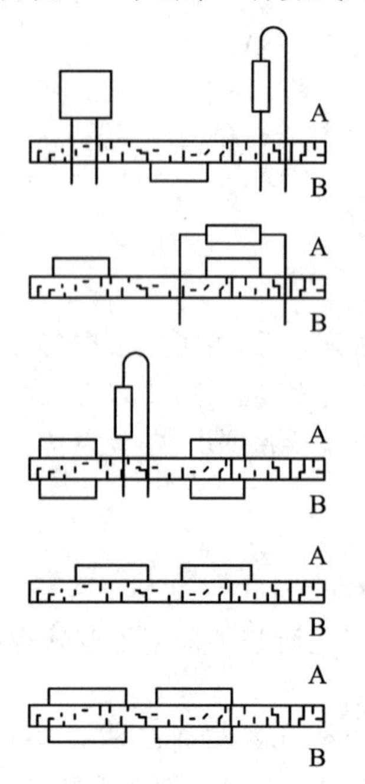


**图 2.2　双面混合贴装工艺流程**

表 2.1 中的第 3 种贴装方式有两种典型工艺流程，图 2.2 表示出其中一种典型工艺流程。

这种工艺流程在回流焊接 SMC/SMD 之后，插装 THC 之前可分为两种流程。当在回流焊接之后，需要较长时间放置或完成插装 THC 的时间较长时，采用流程 A。因为在回流焊接期间，留在组件上的焊剂剩余物，如停置时间较长，在最后清洗时很难有效地清除，为此，流程 A 比流程 B 增加了一项溶剂清洗工序。另外，有些 THC 对溶剂敏感，所以回流焊接后需要马上进行清洗。但流程 B 是这两种工艺流程中路线短、费用少的一种，被广泛用于高度自动化的表面贴装工艺中。一般在清洗后还应进行洗净度检测，以确保电路组件能达到可接受的洗净度等级。

第 3 种贴装方式的另一种工艺流程如图 2.3 所示。

这种贴装工艺流程用来把鸥翼形引线的 SMD 和 THC 混合贴装在同一块电路板上。它可以不采用焊膏，而是在电路板上电镀焊料，用热棒或激光回流焊接工艺焊接 SMD。在这种工艺中，常采用既能贴装 SMD 又能进行焊接的装焊一体化设备进行贴装。

表 2.1 中的第 4 种贴装方式的典型工艺流程如图 2.4 所示。

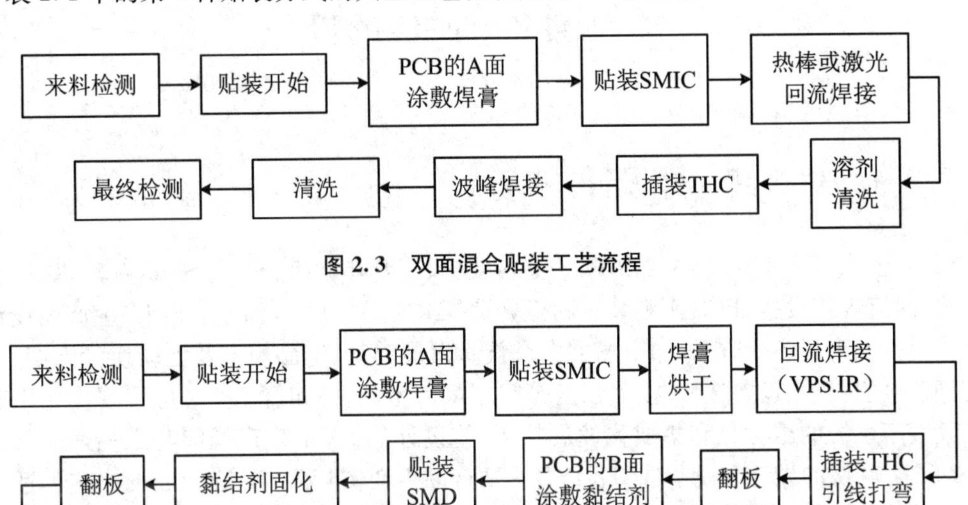


图 2.3　双面混合贴装工艺流程



图 2.4　第 4 种贴装方式的典型工艺流程

SMIC 和 THC 贴装在 PCB 的 A 面，SMC/SMD 贴装在 B 面。在 A 面 SMIC 回流焊之后，紧接着在 A 面插装 THC，再在 B 面涂敷黏结剂和贴装 SMC/SMD。这就防止了由于 THC 引线打弯而损坏 B 面的 SMC/SMD，以及插装 THC 时的机械冲击引起 B 面黏结的 SMC/SMD 脱落。如果需要先在 B 面贴装 SMC/SMD 而后在 A 面插装 THC，则在引线打弯时应特别小心，而且贴装 SMC/SMD 的黏结应具有较高的黏结强度，以便经受得住插装 THC 时的机械冲击。

## 2.1.3　全表面贴装工艺流程

全表面贴装工艺流程对应于表 2.1 所列的第 5 种和第 6 种贴装方式。

单面表面贴装方式的典型工艺流程是在单面 PCB 上只贴装表面贴装元器件，无通孔插装元器件，采用回流焊接工艺，这是最简单的全表面贴装工艺流程。

双面表面贴装的典型工艺流程在电路板两面贴装塑封有引线芯片载体（PLCC）时，采用流程 A。由于 J 形引线和鸥翼形引线的 SMIC 采用双波峰焊接容易出现桥接，所以组件两面都采用回流焊接工艺。但 A 面贴装的 SMIC 要经过两次回流焊接周期，当在 B 面贴装时，A 面向下，已经装焊在 A 面上的 SMIC 在 B 面回流焊接周期，其焊料会再熔融，且这些较大的 SMIC 在传送带轻微振动时容易发生移位，甚至脱落，所以涂敷焊膏后还要采用黏结剂固定，防止形成混乱的焊接连接和 SMIC 脱落。

当在电路板 B 面贴装的元器件只是小外形晶体管（SOT）或小外形集成电路（SOIC）时，可以采用流程 B。

## 2.2 SMT 生产线的设计

### 2.2.1 生产线总体设计

SMT 生产线典型配置主要由 PCB 上料装置、焊膏印刷机、SMC/SMD 贴片机、接驳检查装置、回流焊接设备、PCB 下料装置和检测设备组成,如图 2.5 所示。SMT 生产线设计涉及技术、管理、市场各个方面,如市场需求及技术发展趋势、产品规模及更新换代周期、元器件类型及供应渠道、设备选型、投资强度等问题都需考虑。同时,还要考虑到现代化生产模式及其生产系统的柔性化和集成化发展趋势,使设计的 SMT 生产线能与之相适应等。所以,SMT 生产线的设计和设备选型要结合主要产品生产实际需要、实际条件、一定的适应性和先进性等几方面进行综合考虑。在已知贴装产品对象的情况下,建立 SMT 生产线前应该先进行 SMT 总体设计,确定需贴装元器件的种类和数量、贴装方式及工艺和总体设计目标,再进行生产线设计。而且最好在 PCB 电路设计初步完成后进行 SMT 生产线设计,这样可使所设计的生产线投入产出比达到最佳状态。

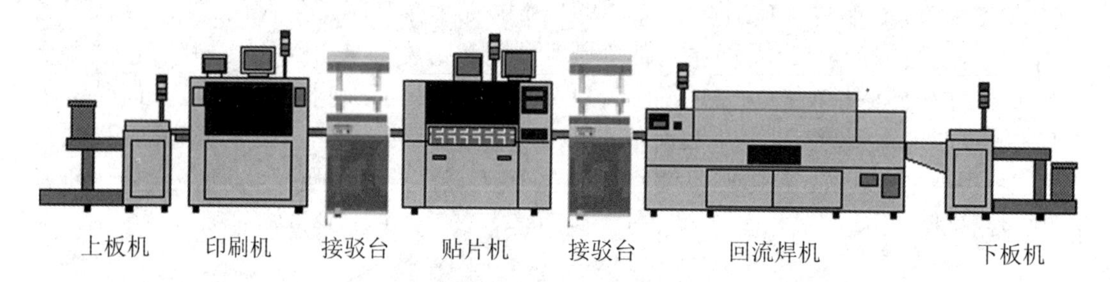


**图 2.5 SMT 生产线典型配置**

无论是仿制 SMT 产品、传统 THT 产品的改进,还是 SMT 产品的升级换代,在总体设计中,都应该结合产量规模和投资规模,以及对 SMT 生产工艺及设备的调研了解,合理地选择元器件类型,设计出产品贴装方式和初步工艺流程。

**1. 元器件(含基板)选择**

元器件(含基板)选择是决定贴装方式、工艺复杂性和生产线及设备投资的第一因素。尤其是在我国 SMC/SMD 类型不齐全、大部分依靠进口的现有发展水平下,元器件选择显得格外重要。例如,当 SMA 上插装元件 THC 只有几个时,可采用手工插焊,不必用波峰焊。如果插装元件多,则尽量采用单面混合贴装工艺流程。元器件选择过程中必须建立元器件数据库(如表 2.2 所示)和元器件工艺要求,并注意以下几点:

① 要保证元器件品种齐全,否则将使生产线不能投产,为此,应有后备供应商。

② 元器件的质量和尺寸精度应有保证,否则将导致产品合格率低,返修率增加。

③ 不可忽视 SMC/SMD 的贴装工艺要求。注意元器件可承受的贴装压力和冲击力及其焊接要求等。如 J 形引脚 PLCC,一般只适宜采用回流焊。

④ 确定元器件的类型和数量、元器件最小引脚间距、最小尺寸等,并注意其与贴装工艺

的关系，如 0.3 mm 引脚间距的 QFP 需要选用高精度贴片机和丝网印刷机，而 1.27 mm 引脚间距的 QFP 则只需选择中等精度贴片机即能完成。

**表 2.2 元器件数据库**

| 序号 | 1 | 2 | 3 | 4 | 5 | 6 | 7 | 8 | 9 | 10 |
|---|---|---|---|---|---|---|---|---|---|---|
| 名称 | 1/8 W 电阻 | 1/2 W 电阻 | 0.1 uF 电容 | 1.5 uF 电容 | 三极管 | D/A | CPU | ROM | 电阻 | 大电容 |
| 封装 | 1005 | 1608 | 1005 | 1608 | SOT23 | SOP24 | PLU84 | QFP80 | THC | THC |
| 性能用途 | 放大器 | 放大器 | 放大器 | 放大器 | 放大器 | D/A | CPU | ROM | 放大器 | 运放 |
| 数量/个 | 50 | 20 | 10 | 5 | 5 | 2 | 1 | 2 | 5 | 5 |
| 焊接要求 | 260 ℃ 10 s | 260 ℃ 10 s | 260 ℃ 5 s | 260 ℃ 5 s | 260 ℃ 5 s | 250 ℃ 3 s | 230 ℃ 2 s | 230 ℃ 2 s | | |
| 安装尺寸 | 1.0 mm×0.5 mm×0.3 mm | 1.6 mm×0.8 mm×0.9 mm | 1.0 mm×0.5 mm×0.3 mm | 1.6 mm×0.8 mm×0.4 mm | 2.7 mm×2.2 mm×10 mm | 1.68 mm×1.27 mm×3.05 mm | 画图 | 画图 | | |
| 引脚数 | | | | | 3 | 24 | 84 | 80 | | |
| 引脚(长/宽) | | | | | 0.35 mm/0.1 mm | 1.05 mm/0.76 mm | 1.15 mm/0.77 mm | 1.0 mm/0.1 mm | | |
| 引脚间距 | | | | | 1.9 mm | 1.27 mm | 1.27 mm | 0.8 mm | | |
| 包装 | 8 mm | 8 mm | 8 mm | 8 mm | 16 mm | 管式 | 散装 | 散装 | 带装 | 带装 |
| 备注 | 715 厂 | | | 新元件 | | | | | | 散热 |

**2. 贴装方式及工艺流程的确定**

贴装方式是决定生产工艺复杂性、生产线规模和投资强度的决定性因素。同一产品的贴装生产可以用不同的贴装方式来实现。确定贴装方式时既要考虑产品贴装的实际需要，又应考虑发展适应性需要。在适应产品贴装要求的前提下，一般优选单面混合贴装或单面全表面贴装方式。

元器件的种类繁多而且发展很快，原来较合理的贴装方式，因元器件的发展变化，过了一段时间可能会变为不合理。若已建立的生产线适应性差，则可能造成较大的损失。为此，在优选单面混合贴装方式设计生产线的同时，还应考虑所选择的设备能适用于双面贴装方式，便于需要时的扩展。

另外，一般只有在产品本身是单一的全表面贴装型，而且元器件供应又有保障的情况下，才选择全表面贴装方式及工艺流程。表 2.3 列出了贴装方式对产品品质和生产线的影响情况。

贴装方式确定之后，即可初步设计出工艺流程，并制定出相应的关键工序及其工艺参数和要求，如贴片精度要求、焊接工艺要求等，便于设备选型之用。如果不是按实际需要而盲目设计、建立一条生产线，再根据该生产线及其设备来确定可能进行的工艺流程，就有可能产生大材小用，或是一些设备闲置不能有效利用，或是达不到产品质量要求等不良后果。为此，应充分重视“按需设计”这一设计原则。

**表 2.3　贴装方式对产品品质和生产线的情况**

| 目标 | 影响因素 | 电路板制作技术 | | | |
|---|---|---|---|---|---|
| | | 第一型 | 第二型 | 第三型 | 传统型 |
| 缩小体积 | 单面 | 4 | 3 | | 0 |
| | 双面 | 4 | 3.5 | 2.5 | 0 |
| 自动化 | 新生产线成本负担 | 4 | 2 | 0 | 1 |
| | 由传统生产线转换的成本负担 | 0 | 2 | 4 | |
| | 产量能力 | 3 | 1 | 4 | 0 |
| | 弹性能力 | 4 | 2 | 0 | 0 |
| 品质 | 一次就好 | 4 | 0 | 2 | 3 |
| 功用 | 用到 VLSI | 4 | 4 | 0 | 0 |
| | 高频应用 | 4 | 4 | 0 | 0 |

4 分：十分具有吸引力；3 分：具有吸引力；2 分：尚可；1 分：没有吸引力；0 分：绝对没有吸引力
第一型：全表面贴装技术；第二型：双面混合贴装工艺；第三型：单面混合贴装工艺

## 2.2.2　设备自动化程度

现代先进的 SMT 生产线属于柔性自动化（Flexible Automation）生产方式，其特征是采用机械手、计算机控制和视觉系统，能从一种产品的生产很快地转换为另一种产品的生产，能适合于多品种中/小批量生产等。其自动化程度主要取决于贴片机、运输系统和线控计算机系统。按生产效率划分的 SMT 生产线的类型如表 2.4 所示。

**表 2.4　SMT 生产线类型**

| | | 手动 | 半自动 | 低速 | 中速 | 高进度 | 高速 | 备注 |
|---|---|---|---|---|---|---|---|---|
| 自动化产量 | | 一般＜1000 点（片）/h ＜±0.1 mm | （500～2000）点（片）/h 不定 | （3000 点（片）/h） ±0.2 mm | （3000～8000）点（片）/h±0.2 mm | （3000～6000）点（片）/h ＜0.1 mm | （8000 点（片）/h） ±0.2 mm | |
| 研究实验 | | ○ | ○ | △ | | △ | | |
| 小批量 | 少品种 | △ | ○ | △ | ○ | ○ | | |
| | 多品种 | ○ | △ | | ○ | ○ | | 产量 |
| 中/大批量 | 少品种 | | | | △ | | ○ | |
| | 多品种 | | | | ○△ | ○ | ○ | 器件要求 |
| 变量品种 | | △ | | | ○ | ○ | | 器件要求 |
| 价格/万美元 | | 2～3 | 5～8 | 8～12 | 10～20 | 20～40 | 60～100 | 最小配置 |

注：○为优选；△为可选。

一般根据年产量、生产线效率系数和计划投资额，来确定SMT生产线的自动化程度。

**1. 高速SMT生产线**

高速SMT生产线一般由贴片速度大于8000点(片)/h的高速贴片机组成，主要用于如彩电调谐器等大批量单一产品的贴装生产。目前也出现了数万片/h的高速高精度贴片机，主要应用于产量大的贴装产品，如通信产品等。

**2. 中速高精度SMT生产线**

细间距器件的发展很快，在计算机、通信、录像机、仪器仪表等产品中已被广泛应用。贴装该类产品较适宜采用中速高精度SMT生产线，它不仅适用于多品种中/小批量生产，而且多台联机也适用于大批量生产，能满足生产扩展需要。在投资强度足够的情况下，应优选中速高精度SMT生产线，而不选普通中速线。一般认为中速贴片机速度为(3000～8000)点(片)/h。

**3. 低速半自动SMT生产线**

低速半自动SMT生产线一般只用于研究开发和实验。因其产量规模、精度和适应性难以满足发展所需，产品生产企业不宜选用。低速贴片机的贴片速度一般小于300点(片)/h。

**4. 手动生产**

手动生产成本较低、应用灵活，可用于帮助了解、熟悉SMT技术，也可用于研究开发或小批量多品种生产，并可用作返修工具。为此，这种形式的生产也有一定的应用面。

值得一提的是，上述分类并不是绝对的，同一生产线中既有高速机又有中速机的也很常见，主要还是要根据贴装产品、贴装工艺和产量规模的实际需要来确定设备的选型和配套流程，随着设备性能的提高，分类速度也有所提高。

### 2.2.3 设备选型

SMT生产线的建立主要工作是设备选型。建立生产线的目的是要以最快的速度生产出优质、富有竞争力的产品，要以效率最高、投资最小、回收年限最短为目标。为此，SMT设备的选型应充分重视其性能价格比和设备投资回收年限。在尽量争取少投资的同时，又要注意不单纯地为减少投资选择性能指标差的设备或减少配置，必须考虑所选设备对发展的可适应性。

应根据总体设计中的元器件种类及数量、贴装方式及工艺流程、PCB板尺寸及拼板规格、线路设计及密度和自动化程度及投资强度等，来进行设备选型。一般应设计两个以上方案进行分析比较。因贴片机是生产线的关键设备，其价格占全线投资的比重较大，为此，一般以贴片机的选型为重点，但不可忽视印刷、焊接、测试等设备。应以实际技术指标、产量、投资额及回收期等为依据进行综合经济技术判断，确定最终方案。设备选型应注意以下几个问题。

**1. 性能、功能及可靠性**

设备选型首先要看设备性能是否满足技术要求，如果要贴焊0.3 mm间距的QFP，则需采用高精度贴片机，波峰焊机一般也不能满足要求。第二是可靠性，有些设备新用时技术指标很高，但使用时间不长就降低了，这就是可靠性问题引起的，应优选知名企业的成熟机型。第三是功能，如果说性能主要由机械结构保证，那么功能一定要适用，不应一味地追求功能齐全而实际用不上，造成投资成本增加。

**2. 可扩展性和灵活性**

设备组线的可扩展性和灵活性主要是指功能的扩展、指标提高、生产能力的扩大，以及良好的组线接口等。如一台能贴 0.65 mm 的 QFP 的贴片机，能否通过增加视觉系统等配件后用于 0.3 mm 的 QFP、贴球形栅格阵列(BGA)器件，能否与不同型号的设备共同组线等。

中速多功能贴片机组线是 SMT 设备组线的常用形式，具有良好的灵活性、可扩展性和可维护性，而且可减少设备的一次性投入，便于少量多次的投资。为此，中速的功能贴片机组线是一种优选组线方式。

**3. 可操作性和可维护性**

设备要便于操作，计算机控制软件最好采用中文界面；对中/高精度贴片机，一定要有自动生成贴片程序功能。设备要善于维护、调试和维修，应把维修服务作为设备选型的重要标准之一。

# 第3章　锡膏印刷机

本节以日东印刷机(见图3.1)为例介绍锡膏印刷机的使用要点。

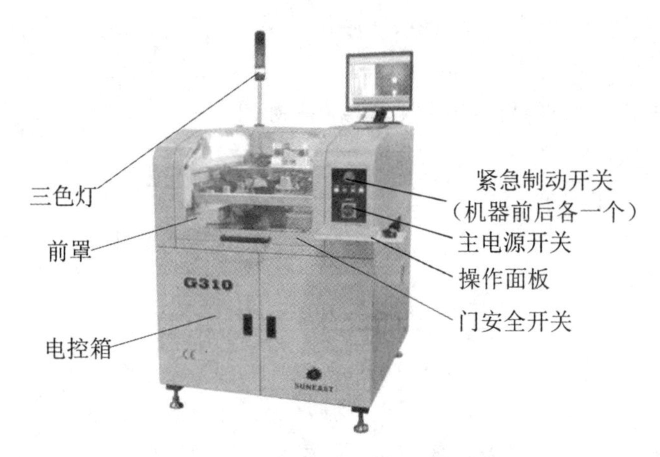


**图3.1　日东G310印刷机**

## 3.1　印刷机使用准备

### 3.1.1　开机前检查

按以下步骤依次对锡膏印刷机进行开机前检查:

① 检查所转入电源的电压、气源的气压是否符合要求。

② 检查机器各接线是否连接好。

③ 检查设备是否良好接地。

④ 检查气动系统是否漏气,空气输入口过滤装置有无积水。

⑤ 检查机器各传送皮带松紧是否适宜。

⑥ 检查Z向薄形压板有无翘曲变形。

⑦ 检查是否有无关的碎物留在电控箱内,电控箱内各接线插座是否插接良好。

⑧ 检查有无工具等物件遗留在机器内部。

⑨ 根据所要印刷的PCB要求准备好相应的网板和锡膏。

⑩ 检查清洗用卷纸有无装好,检查酒精箱液位的高低。

⑪ 检查机器的紧急制动开关是否弹起。

⑫ 检查三色灯工作是否正常,检查机器前后罩盖是否盖好。

### 3.1.2 开始生产前准备

**1. 模板的准备**

① 模板基材厚度及窗口尺寸大小直接关系到焊膏印刷质量,从而影响到产品质量。模板应具有耐磨、孔隙无毛刺无锯齿、孔壁平滑、焊膏渗透性好、网板拉伸小、回弹性好等特点。

② 根据网框尺寸大小移动网框支承板,将网框前后、左右方向的中心对准印刷机前横梁及左、右支承板上的标尺“0”刻度位置,居中摆放后,再将网板锁紧。

**2. 锡膏准备**

在 SMT 中,焊膏的选择是影响产品质量的关键因素之一。不同的焊膏决定了允许印刷的最高速度、焊膏的黏度、润湿性和金属粉粒大小等性能参数都会影响最后的印刷品质。在选择锡膏的时候,应有以下的考虑:

① 对焊膏的选择应根据清洗方式、元器件及电路板的可焊性、焊盘的镀层、元器件引脚间距、用户的需求等综合起来考虑。

② 锡膏选定后,应根据所选锡膏的使用说明书中的要求使用。

③ 在使用之前必须搅拌均匀,直至锡膏成浓浓的糊状,并用刮刀挑起能够很自然地分段落下即可使用。

④ 锡膏从冰柜中取出不能直接使用,必须在室温 25 ℃左右回温(具体使用根据说明书而定);锡膏温度应保持与室温相同才可开瓶使用。

⑤ 使用时应将锡膏均匀地刮涂在刮刀前面的模板上,且超出模板开口位置,保证刮刀运动时能使锡膏通过网板开口印到 PCB 板的所有焊盘上。

**3. PCB 支撑装置的安装**

(1) 关于可调节的 PCB 支撑装置

PCB 支撑装置由可调节的真空吸腔、可移动的边支撑块、PCB 顶销等组成。真空吸腔的可调节范围有 80～150 mm、150～250 mm、250～310 mm 三种,适用于宽度在 80～310 mm 的不同 PCB 板尺寸。PCB 支撑装置采用强力磁来实现磁力固定,故安装、拆卸方便,调节灵活,可根据 PCB 板规格及刚性,自由组合搭配。

(2) PCB 支撑装置的安装形式

① 边支撑块、PCB 顶销可根据 PCB 板规格及刚性,按所需位置摆放,可单独或组合搭配,建议使用于 80 mm 以下的小规格 PCB 板。

② 真空吸腔可单独使用,也可与边支撑块、PCB 顶销组合使用,建议使用于 80～310 mm 规格的 PCB 板。

(3) 可调真空腔组合安装方法

先将两个吸腔支持块 A(长 400 mm)平行调至离前后运输导轨 1～2 mm 处用手压住,然后将支撑块沿吸腔支持块 A 内壁与印刷平台面贴紧、贴平推至适合位置,根据需要放置多个支撑块来定位吸腔支持块 A。

吸腔支持块 B、吸腔支持块 C 根据可调真空腔的大小垂直放置于吸腔支撑块 A 之间用手压住,然后同上用支撑块定位固定。

**4. PCB定位调试**

(1) 单击按钮进入"参数设置2"中,输入所要生产PCB板的各项参数,如刮刀速度、压力、脱模长度和速度、清洗方式、时间间隔和速度以及印刷的精度等。

(2) 单击"PCB定位"进入"PCB定位"对话框,进行PCB定位校正。

(3) 在"PCB定位"对话框中进行如下操作:

① 单击"刮刀后退刀"将刮刀移动到后限位处。

② 单击"宽度调节"将运输导轨自动调到适宜所要生产的PCB宽度。

③ 单击"移动挡板气缸"将挡板气缸移动到PCB停板位置,此时将PCB放到运输导轨进板入口处,再将"停板气缸"开关打开,停板气缸工作即气缸轴向下运动到停板位置。

④ 打开"运输开关",将PCB板送到停板气缸位置,观察PCB板是否停在运输导轨的中间,如PCB板不在运输导轨中间,则需要调整停板气缸位置——输入数值进行调整,直到PCB板位置合适。

⑤ 再将"运输开关"关闭,同时打开"PCB吸板阀";关闭"停板气缸";打开"平台顶板"开关,工作台向上升起;打开"导轨夹紧"开关,单击"CCD回位";将CCD的Camera回到机器前方规定位置;打开"Z轴上升"将PCB板升到紧贴丝网板底面位置。

⑥ 观察网板与PCB板对准情况,并用手移动调节网框、定位夹紧装置使之与PCB板对准。

⑦ 打开"网框固定阀"和"网框夹紧阀"将网框固定并夹紧;同时用机器上的网框锁紧气缸并用挡环固定,及网框$Y$方向移动用挡块固定。

⑧ 关闭"Z轴上升",使工作台回到原点位置。

⑨ 单击"PCB标志点采集",进入"标志点采集"对话框。

(4) 在"PCB标志点采集"对话框中,进行PCB标志点采集和PCB校正,完成PCB与网板位置视觉校正并对准。

(5) 在PCB标志点采集完后,单击"PCB标志点采集"对话框中的"确认",回到印刷机主窗口画面。

(6) 单击主工具栏1中的"保存"图标,将此次PCB板的参数设置保存到新建的文件名下,待开始生产时打开此文件使用。

**5. 刮刀的安装**

① 移动刮刀横梁到适合位置,将配件箱内装有刮刀片的刮刀压板装到刮刀头上。

② 刮刀行程的调整是:软件自动设置刮刀行程,无须设置。

③ 刮刀行程调整以刮刀降到最低位置刀片正好压在钢网上为宜。

注意:刮刀片安装前应检查其刀口是否平直,有无缺损。

**6. 刮刀速度和压力的选择**

刮刀的速度及压力是丝网印刷中两个重要的工艺参数。

(1) 刮刀速度

选取的原则是刮刀的速度和锡膏的黏稠度以及PCB板上SMD的最小引脚间距因素有关,锡膏的黏稠度大,则刮刀的速度要低,反之亦然。对刮刀速度的选择,一般先从较小压力开始试印,慢慢加大,直到印出好的焊膏为止。刮刀速度范围为15～50 mm/s。在印刷细间距时应适当降低刮刀速度,一般为15～30 mm/s,以增加锡膏在窗口处的停滞时间,从而增加PCB焊盘上的锡膏;印刷宽间距元件时速度一般为30～50 mm/s(大于0.5 mm的

“pitch”为宽间距，小于 0.5 mm 的“pitch”为细间距），机器刮刀速度允许设置范围为 0～80 mm/s。

（2）刮刀压力

压力直接影响印刷效果，压力以保证印出的焊膏边缘清晰、表面平整、厚度适宜为准。如果压力太小，则锡膏量不足，产生虚焊；如果压力太大，则导致锡膏连接，会产生桥接。因此，刮刀压力一般设定为 4～8 kg，也可以根据焊膏情况来确定。

**7. 脱模速度和脱模长度**

（1）脱模速度

脱模速度是指印刷后的基板脱离模板的速度，在焊膏与模板完全脱离之前，分离速度要慢，待完全脱离后，基板可以快速下降。慢速分离有利于焊膏形成清晰边缘，对细间距的印刷尤其重要。脱模速度一般设定为 3 mm/s，太快易破坏锡膏形状。

（2）PCB 与模板的分离时间

PCB 与模板的分离时间即印刷后的基板以脱板速度离开模板所需要的时间。如果时间过长，则易在模板底面残留焊膏；如果时间过短，则不利于焊膏的站立，一般控制在 1 s 左右。机器用脱模长度来控制此变量，一般设定为 0.5～2 mm。

### 3.1.3 试生产

在以上准备工作做完以后，即可进行 PCB 板的试印刷。操作方法如下：

• 单击主工具栏 2 中的“开始生产”按钮并按照操作界面上对话框的提示进行操作，完成一块 PCB 板的自动印刷。

• 单击主菜单栏中“查看”的下拉菜单“2D 检测结果”，自动显示所设定位置的锡膏印刷质量和网板清洗质量的检测结果，并提供进行处理的参考意见。如检测结果不符合质量要求，应重新进行参数设置。

（1）锡膏印刷质量要求

一般机器设定的锡膏厚度在 0.1～0.3 mm 之间、焊膏覆盖焊盘的面积在 75%以上即满足质量要求。

（2）网板清洗质量检测

机器设定锡膏堵塞网板的覆盖面积超过 20%会有报警提示，此时可单击主工具栏 2 中的“丝网清洗”，重新设置清洗方式或清洗的时间间隔等参数。

## 3.2 日东 G310 印刷机操作系统说明

### 3.2.1 系统启动

打开机器右前部主电源开关，将自动进入主窗口画面。操作程序如下：

打开总电源开关→打开气源开关→打开机器主电源开关→进入机器主画面（主菜单）。

### 3.2.2 主窗口组成

软件界面主窗口如图 3.2 所示。

**图 3.2 软件界面主窗口**

### 3.2.3 具体操作

① 开机运行 Sem 软件，软件初运行时如图 3.3 所示，点击“开始”使机器归零。

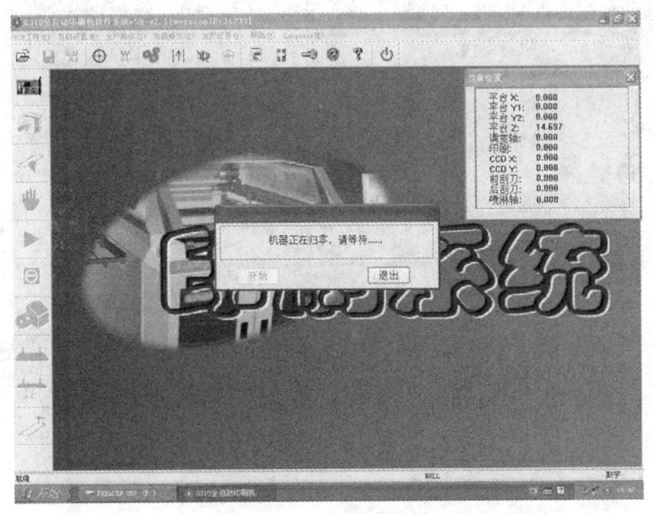


**图 3.3 Sem 软件界面**

② PCB 工程→新建，如图 3.4 所示，点击“新建”，提示输入工程密码，直接默认点击“确定”，弹出如图 3.5 所示的界面，输入文件名。

③ 在图 3.5 点击“确认”，弹出如图 3.6 所示的界面，输入产品名称、钢网参数(长度和宽度)和 PCB 板(长度和宽度)参数，设置完成后点击右上角的“调节”，锡膏印刷机自动调节导

图 3.4　新建 PCB 工程

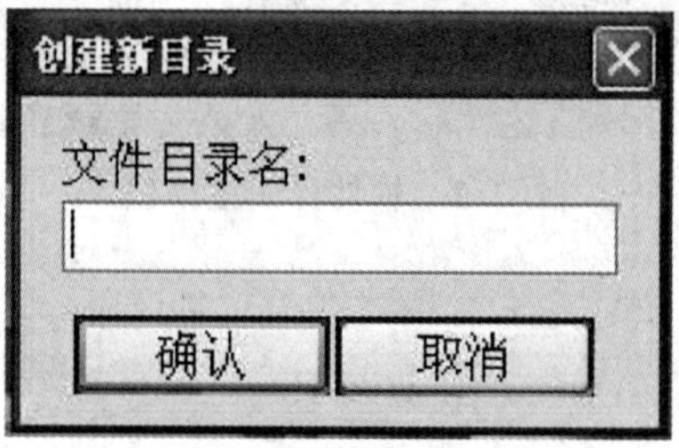

创建新目录

文件目录名:

确认　取消

图 3.5　输入工程名称

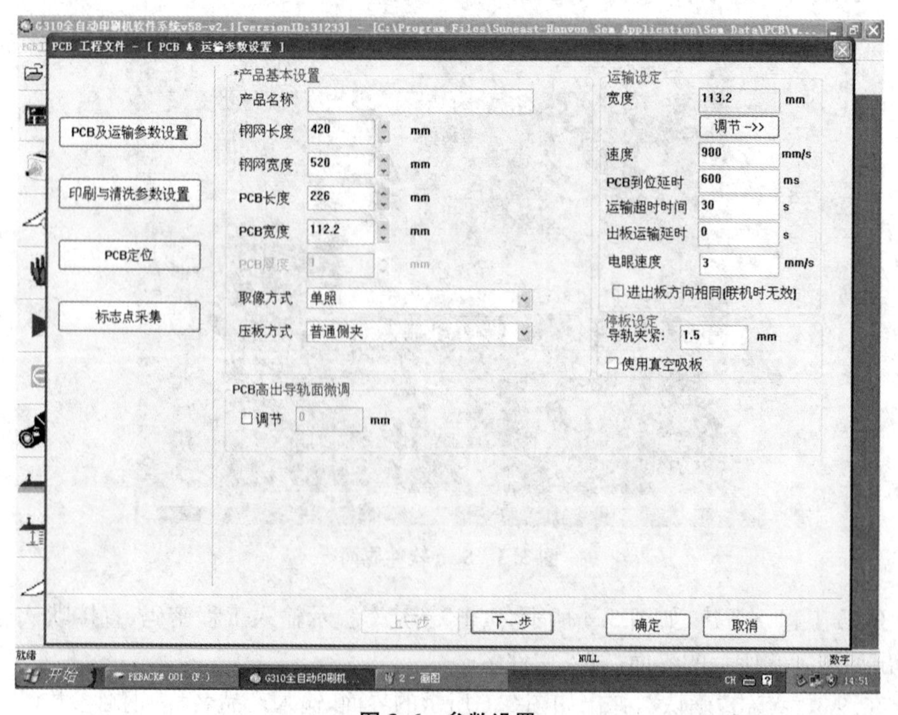


图 3.6　参数设置

轨宽度，其他参数可以使用默认值。

④ 点击“下一步”，弹出如图 3.7 所示的界面，该页保持默认，点击“下一步”，待完成“PCB 定位”和“标志点采集”，弹出再返回图 3.7 安装刮刀以及调整刮刀位置(印刷的起点和终点值)，刮刀压力一般取 5 kg，钢网清洗间隔可以根据实际情况设置 10～15 块，其他参数可以使用页面默认值。

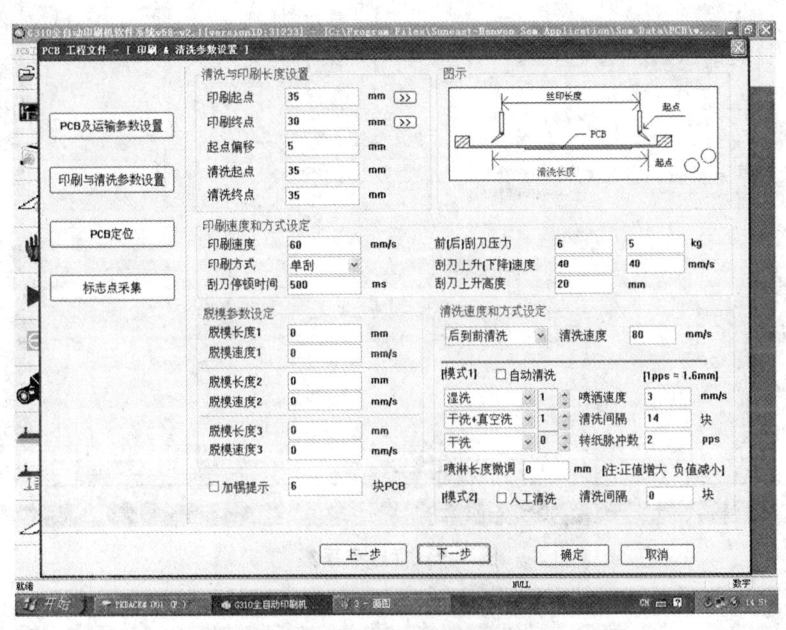


图 3.7 印刷与清洗参数设置

⑤ 在图 3.8 中调整 PCB 与钢网位置，按照右侧的“调节说明 1～15”步骤进行，直至钢网与 PCB 板贴片位置重合，本步需要手动安装钢网，需要注意安全，对准钢网过程需要细心操作，调整完成后点击“下一步”。

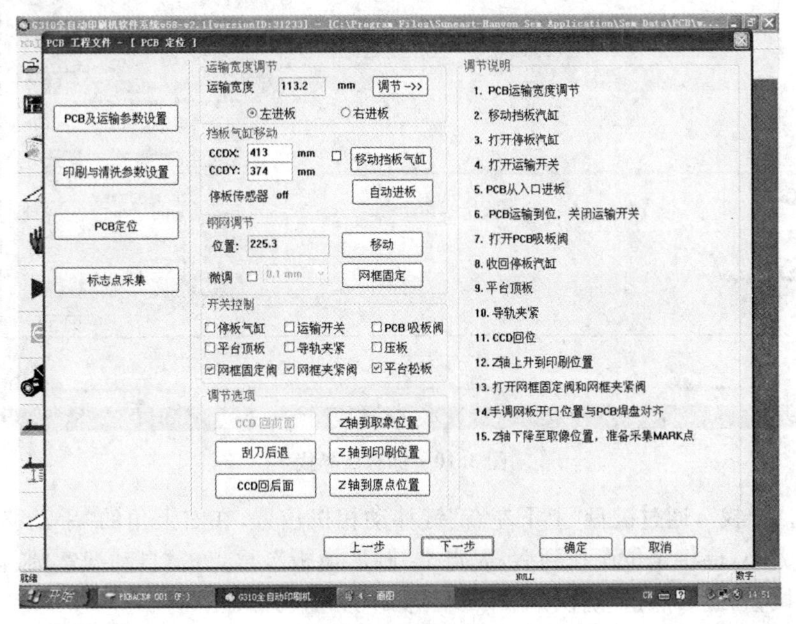


图 3.8 PCB 定位

⑥ 在如图 3.9 所示的界面中，在右上角选择对角线标志点位置，点击“PCB 标志 1”，弹出如图 3.10 所示的界面。

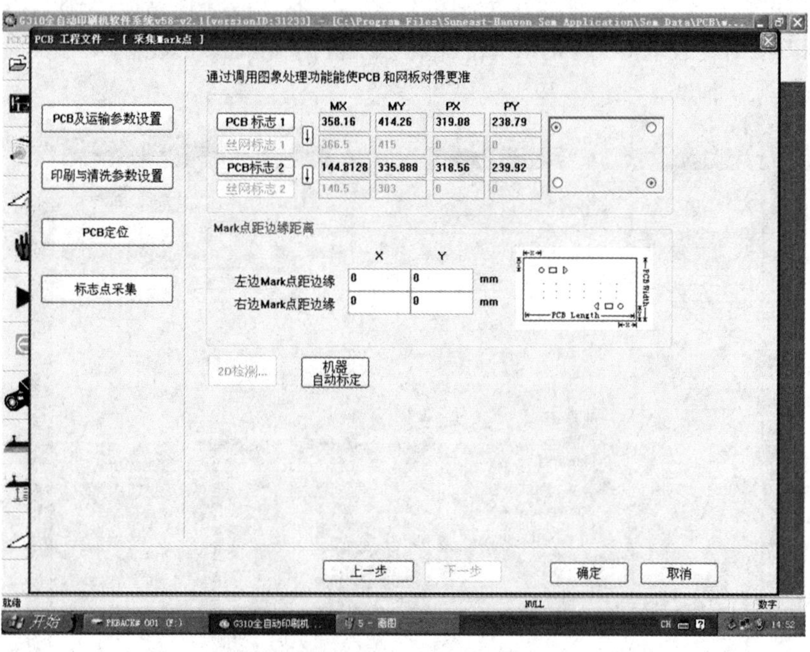


图 3.9　标志点采集

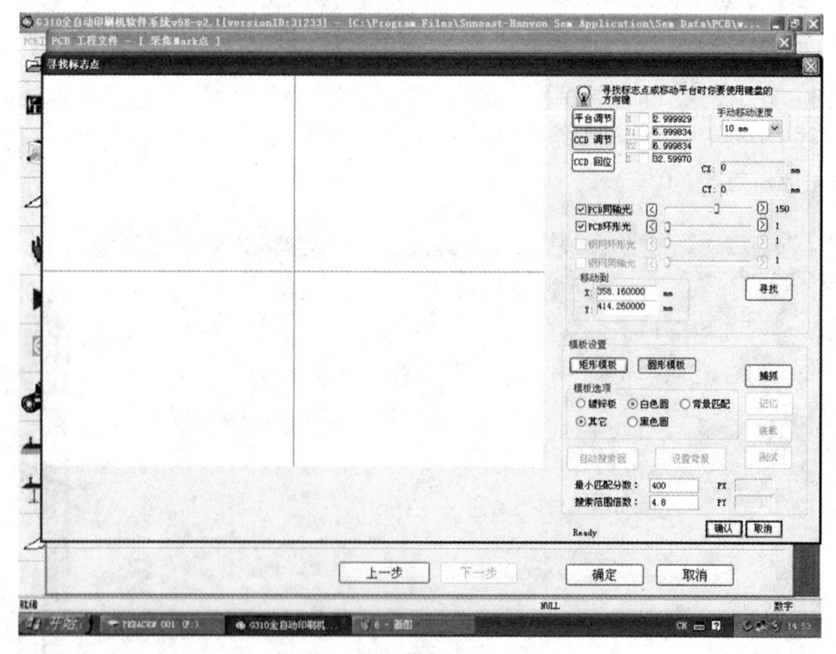


图 3.10　标志点寻找

⑦ 点击“寻找”，通过键盘“上下左右”键移动相机位置，在右上角的“手动移动速度”选择移动幅度大小，待将定位点找到后，先点击“圆形模板”，再点击“自动搜索圆、抓捕、记忆、装载、测试”按钮，最后点击“确认”，“PCB 标志 2”的寻找方式相同。

⑧ 钢网已经安装到位，再次回到图 3.7，设置刮刀起始位置，根据钢网与 PCB 板对准的实际位置，调节“印刷起点、印刷终点”位置，再设置“加锡提示”的 PCB 块数，其他参数值选择默认值。

⑨ 所有设置完成后，保存全部设置，方便以后的使用或者参考。在图 3.2 中，点击左边三角形开始生产，即可进入生产信息界面，如图 3.11 所示。

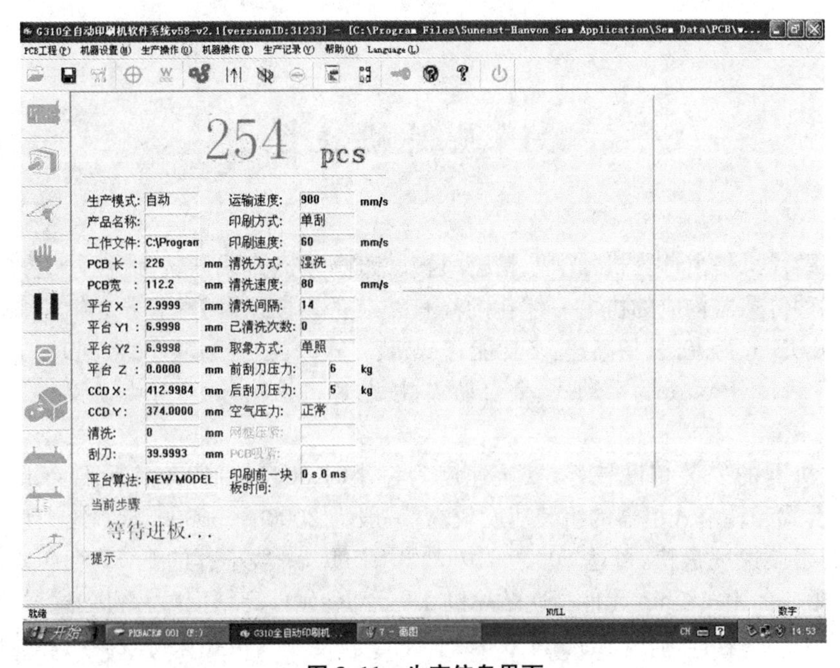

图 3.11　生产信息界面

# 第4章　SMT贴片技术

## 4.1　贴片机分类

全自动贴片机是由计算机、光学、精密机械、滚珠丝杆、直线导轨、线性马达、驱动器、真空系统和各种传感器构成的机电一体化的高科技装备。按速度分类，分为中速、高速、超高速；按功能分类，分为高速、超高速、多功能；按贴装方式分类，分为顺序式、同时式、同时平行式；按自动化程度分类，分为手动式、全自动式；按贴片机结构分类，分为动臂式、转塔式、复合式。

动臂式机器的安装精度较好，安装速度为每小时5000～20000个元件(Chips/Hour, CPH)。复合式和转塔式机器的组装速度较高，一般为20000～50000 CPH。大型(大规模)平行系统的组装速度最快，可达50000～100000 CPH。一般推荐的SMT生产线由两台贴片机组成，即一台片式Chip元件高速贴片机和一台IC元件高精度贴片机。这样各司其职，有利于贴片生产线发挥出最高的贴片效率。一台多功能贴片机在保持较高贴片速度的情况下，可以完成所有元件的贴装，减少了投资。

**1. 动臂式**

动臂式机器是最传统的贴片机，具有较好的灵活性和精度，适用于大部分元件。高精度机器一般都是这种类型，动臂式贴片机的结构如图4.1所示。绝大多数贴片机厂商均推出了这一结构的高精度贴片机和中速贴片机，如Universal公司的GSM系列、Assembleon公司的ACM、Hitachi公司的TIM_X、Panasonic公司的BM221、Samsung公司的CP60系列、Yamaha公司的W系列、Juki公司的KE系列、Mirae公司的MPS系列。

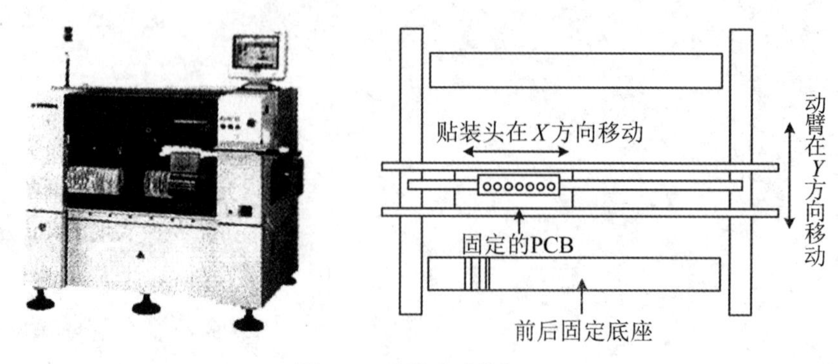


图4.1　动臂式贴片机

动臂式贴片机的元件送料器和基板(PCB)是固定的，贴片头(安装多个真空吸料嘴)在送料器与基板之间来回移动，将元件从送料器取出，经过对元件位置与方向的调整，然后贴放于基板上。由于贴片头是安装在供料架的 $X/Y$ 坐标移动横梁上的，所以得名。

动臂式机器分为单臂式和多臂式。单臂式是最早发展起来的现在仍然在使用的多功能贴片机。在单臂式基础上发展起来的多臂式贴片机可将工作效率成倍提高，如美国 Universal 公司的 GSM2 贴片机就有两个动臂安装头，可交替对一块 PCB 进行安装。这种形式由于贴片头来回移动的距离长，所以速度受到限制，现在一般采用多个真空吸料嘴同时取料(多达 10 个)和双梁系统的形式来提高速度，即在一个梁上的贴片头取料的同时，另一个梁上的贴片头贴放元件，其速度几乎比单梁系统快一倍，但是实际应用中同时取料的条件较难达到，而且不同的元件需要换用不同的真空吸料嘴，因此有时间上的延误。

这类机型的优势在于系统结构简单，可实现高精度，适用于各种形状的元件，甚至异形元件；送料器有带状、管状、托盘等形式，适于中/小批量生产，也可多台机器组合用于大批量生产。

**2. 转塔式**

转塔的概念是使用一组移动的送料器，转塔从这里吸取元件，然后把元件贴放在移动的工作台的电路板上，其结构如图 4.2 所示。生产转塔式机器的厂商主要有 Panasonic、Hitachi、Fuji。

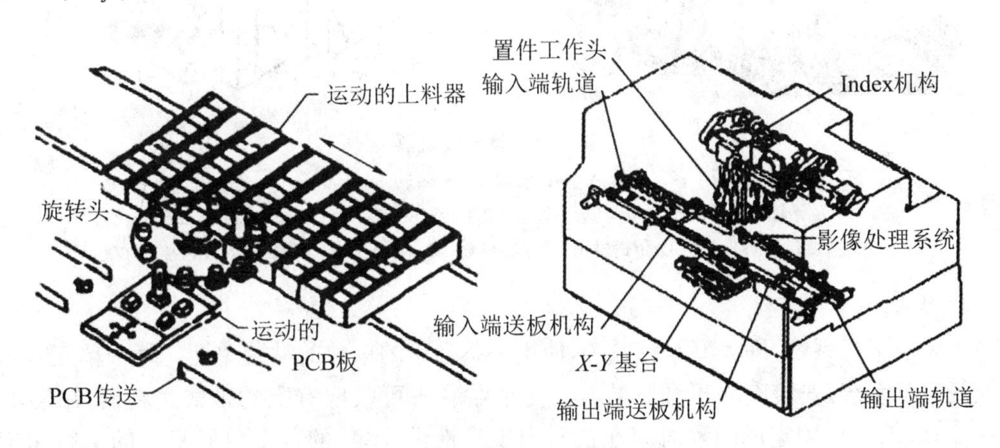


**图 4.2 转塔式结构**

元件送料器位于一个单坐标移动的料车上，基板(PCB)位于一个 $X/Y$ 坐标系移动的工作台上，贴片头安装在一个转塔上。工作时料车将元件送料器移动到取料位置，贴片头上的真空吸料嘴在取料位置取元件，经转塔转动到贴片位置(与取料位置成 180°)，在转动过程中，经过对元件位置与方向的调整，将元件贴放于基板上。

一般转塔上安装有十几到二十几个贴片头，每个贴片头上安装 2～6 个真空吸嘴。由于转塔的特点是将动作细微化，选换吸嘴送料器移动到位取元件，所以元件识别、角度调整、工作台移动(包含位置调整)、贴放元件等动作都可以在同一时间周期内完成，从而实现了真正意义上的高速度。目前最快的时间周期达到 0.08～0.10 秒/片。

转塔式机器在速度上是优越的，主要应用于大规模的计算机板卡、移动电话、家电等生产上，因为在这些产品中，阻容元件特别多，装配密度大，很适合采用这一机型进行生产。相当多的电子组装企业及国内电器生产商都采用这一机型，以满足高速组装的要求。但其只能用带状包装的元件，如果是密脚、大型的集成电路(IC)，只有托盘包装，则无法完成，因此还需与其他机型来共同合作。转塔式机器设备结构复杂，造价昂贵。

**3. 复合式**

复合式机器是从动臂式机器发展而来的，集合了转塔式和动臂式的特点，在动臂上安装有转盘，像 Siemens 的 Siplace 80S 系列贴片机，有两个带有 12 个吸嘴的转盘，如图 4.3 所示。Universal 公司也推出了采用这一结构的贴片机 Genesis，有两个带有 30 个吸嘴的旋转头，贴片速度达到每小时 60000 片。从严格意义上来说，复合式机器仍属于动臂式结构。由于复合式机器可通过增加动臂数量来提高速度，具有较大的灵活性，因此其发展前景被看好，例如，Siemens 的 HS60 机器就安装有 4 个旋转头，贴装速度可达每小时 60000 片。

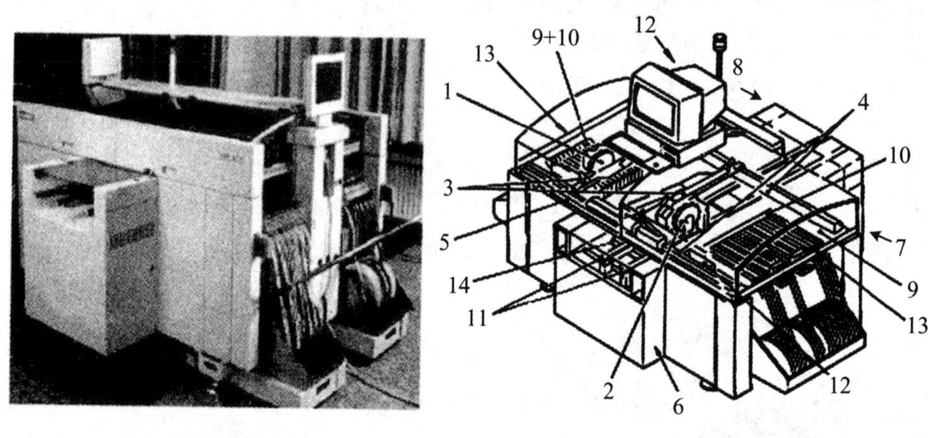


**图 4.3　复合式机器**

1—旋转贴片头，悬臂Ⅰ；2—旋转贴片头，悬臂Ⅱ；3—悬转Ⅰ，Ⅱ，$X$ 轴；4—悬转Ⅰ，Ⅱ，$Y$ 轴；5—安全罩及导轴；6—压缩空气控制单元；7—伺服单元；8—控制单元；9—Table(Feeder 安放台)；10—空料带切刀；11—PCB，传送轴道；12—弃料盒；13—条码；14—PCB 传输，夹紧控制单元

**4. 大规模平行系统**

大规模平行系统，即大型平行系统，使用一系列小的单独的贴装单元。每个单元有自己的丝杆位置系统，安装有相机和贴装头。每个贴装头可吸取有限的带式送料器，贴装 PCB 的一部分，PCB 以固定的间隔时间在机器内步步推进，单独的各个单元机器的运行速度较慢。可是，它们连续的或平行的运行会有很高的产量。如 Philips 公司的 FCM 机器有 16 个安装头，实现了 0.0375 秒/片的贴装速度，但就每个安装头而言，贴装速度在 0.6 秒/片左右，仍有大幅度提高的可能。这种机型也主要适用于规模化生产，需要指出的是，由于各种原因，这种机型在我国电子行业中的市场占有率较前三种机型要小许多。生产大规模平行系统式机器的厂商主要有 Philips，Fuji 公司也推出了采用这一结构的 QP-132 型超高速贴片机，其整机贴装速度高达 133 千片/小时，称业界第一。

## 4.2　贴片机结构

贴片机是机电一体化的高科技设备，要掌握贴片机，必须了解其机构。贴片机的机构组成如图 4.4 所示。贴片机的结构包括机架、PCB 传送机构及支撑台、$X$-$Y$ 与 $Z/\theta$ 伺服、定位系统、光学识别系统、贴装头、供料器、传感器和计算机操作软件。

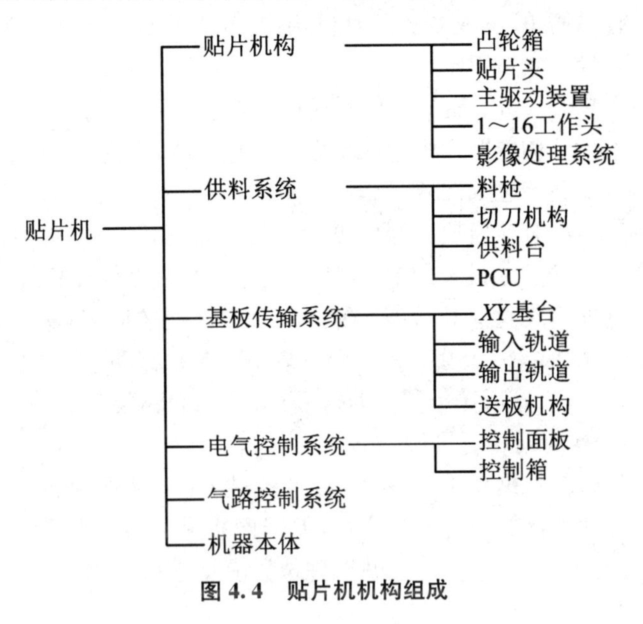


**图 4.4　贴片机机构组成**

## 4.2.1　贴片头

贴片头是贴片机上最复杂、最关键的部件，相当于机械手，用来拾取和贴放元器件。它拾取元器件后能在校正系统的控制下自动校正位置，并将元器件准确地贴放到指定的位置。贴片头的发展是贴片机进步的标志，现已由早期的单头机械对中发展到多头光学对中。贴片头的种类如图 4.5 所示。

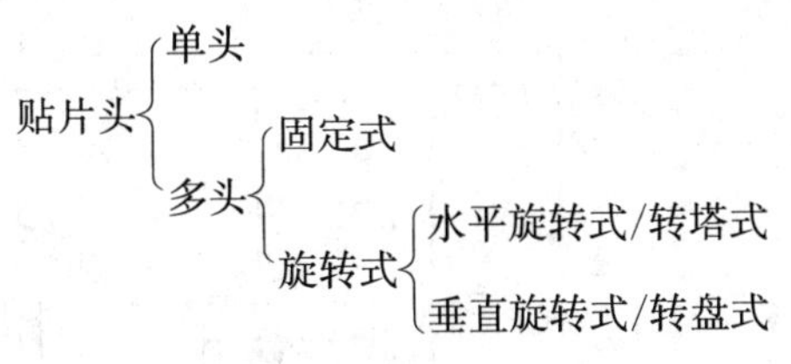


**图 4.5　贴片头种类**

**1. 固定单头**

单头贴片机由吸嘴、定位爪、定位台和 $Z$ 轴、$\theta$ 角运动系统组成，并固定在 $X$、$Y$ 传动机构上。当吸嘴吸取一个元件后，通过机械对中机构实现元件对中并给供料器一个信号(电信号或机械信号)，使下一个元件进入吸片位置。但这种方式下的贴片速度很慢，通常贴放一只片式元件需 1 s。为了提高贴片速度，可以使用增加贴片头数量的方法，即采用多个贴片头来增加贴片速度。

**2. 固定式多头**

固定式多头是通用型贴片机(泛用机)采用的结构，它在原单头的基础上进行了改进，即由单头增加到了 3～6 个贴片头。它们仍然固定在 $X$、$Y$ 轴上，但不再使用机械对中，而改为多种样式的光学对中。工作时分别吸取元器件，对中后再依次贴放到 PCB 指定的位置上。目前这类机型的贴片速度已达 30000 CPH，且价格较低，并可组合联用。

(1) 单梁结构

单梁结构是一种最简单、低成本的贴片机结构，分别装有一个或两个机械手，设备安装占地面积小，贴片产量约 10 kCPH。

机械手配置多个贴装头，以 $X/Y$ 轴做平面运动，同时贴装头能以 $\theta$ 角度转动，$Z$ 轴主向高度升降。大多数单梁结构的贴片机的贴装头，采用滚珠轴套组单导轨 $X$ 轴向驱动（T 驱动方式），或者为了高精度贴装也采用双导轨线性伺服系统 $X$ 轴向驱动（H 驱动方式）。器件吸持校准由机械手与器件对准模块在器件吸持与贴装之间进行，器件对准模块安装在设备的内部。PCB 传送系统安装在设备的中央，PCB 的固定采用边沿夹持或定位销。

单梁结构贴片机采用柔性结构设计，在器件吸持贴装的同时，吸嘴在飞行中（On-the-Fly）进行变换，适配不同摄像机和多个真空负压轴管；可装载不同容量规格的送料器及送料车，也可配装各种华夫盘或异形送料器；为提高贴装产量，提供成组吸持及补充送料器等功能。其缺点是 PCB 变换时间相对较长，为 2～3 s。

单梁结构可增装第二个机械手，在不同的送料器组并行吸持器件，同时在不同的 PCB 上贴装器件。虽然这种配置能提高贴装产量，但因两次贴装器件和 PCB 的两次夹持，延长传送时间，故在贴装过程中，加速度对先贴器件位置有影响，同时贴装精度受到吸持及贴装的复杂性的限制。

JUKI 贴片机的贴装头如图 4.6 所示。为了不使因贴装头少而影响到速度，JUKI 公司通过采用“飞行对中”技术，提高 $X$、$Y$ 轴刚性和提高 AC 伺服电动机速度等办法，使贴装速度仍可达到同类机中的最好水平。

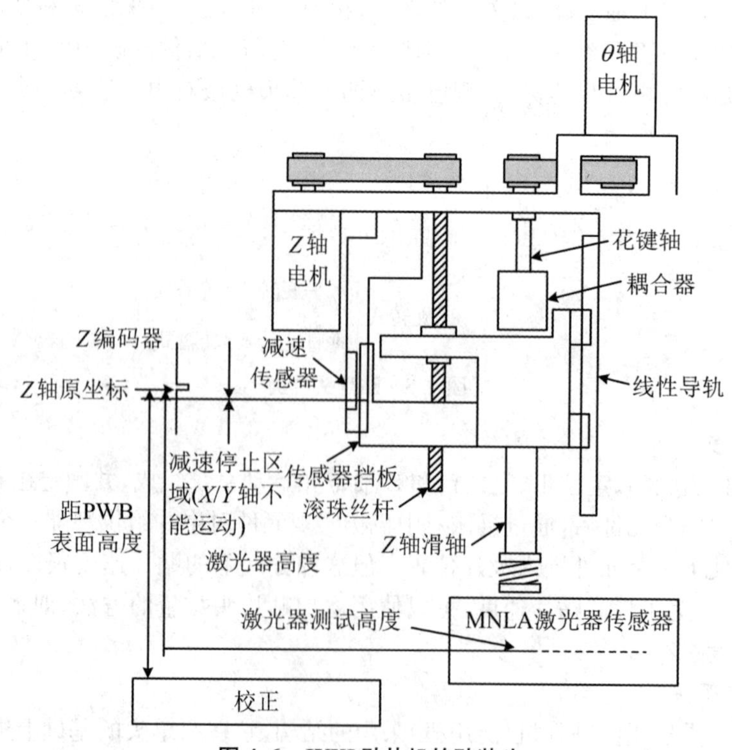


**图 4.6　JUKI 贴片机的贴装头**

(2) 双梁结构

双梁结构的机械手共享设备工作区 PCB 上的同一空间，一个机械手吸持器件，同时另一个机械手贴装器件，设备仅对贴装头的贴装工作量平衡，并避免贴装头因同步运动而造成的碰撞，几乎可达到双倍的贴装量，但第二个机械手的运动操作会产生振动而影响贴装精度。双梁结构贴片机的优缺点与单梁结构相同，其两个机械手共享一个设备基座、传送系统及控制系统，设备的贴装成本就此减少。

双梁结构的 PCB 传送系统可分为两部分，每个部分能在 $X/Y$ 轴向移动 PCB 的位置，PCB 送入设备后被夹持固定，然后朝前后机械手方向移动，以尽可能减小器件吸持与贴装压制的距离。利用这种结构能得到高达 40 kCPH 的贴装产量，但 PCB 的传送系统复杂，费时较多。

**3. 旋转式多头**

高速贴片机多采用旋转式多头结构，目前这种方式的贴片速度已达到 4.5 万～5 万片/小时。每贴一个元件仅需 0.08 s 左右的时间。旋转式多头又分为水平旋转式（转塔式）与垂直方向旋转式（转盘式）。

（1）水平旋转式（转塔式）

水平旋转式多见于松下、三洋和富士制造的贴片机。

① 松下 MSR 贴片头。如图 4.7 所示，松下 MSR 有 16 个贴片头，每个头上有 4～6 个吸嘴，故可以吸放多种大小不同的元件。16 个贴片头固定安装在转塔上，只做水平方向的旋转，习惯上人们称其为水平旋转式或转塔式。贴片头各位置做了明确分工。贴片头在 1 号位的送料器上吸起元器件，然后在运动过程中完成校正、测试，直至 5 号位完成贴片工序。由于贴片头是固定旋转，不能移动，所以元件的供给只能靠送料器在水平方向的运动将所需的贴放元件送到指定的位置。贴放位置则由 PCB 工作台的 $X$、$Y$ 高速运动来实现。

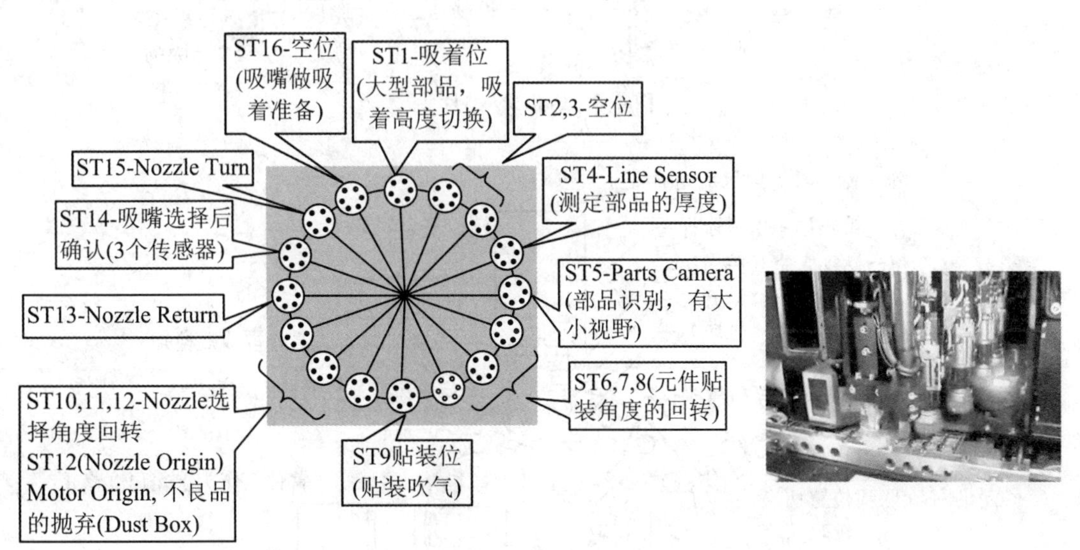


图 4.7　松下 MSR 贴片头

② FujiCP7 贴片头。如图 4.8 所示，旋转主轴上有 16 组贴片头，每一组贴片头由吸嘴、吸嘴头及吸嘴头支座组成。每一贴片头上均可配有 6 种不同的吸嘴（可依零件的大小做不同的选择）。16 组贴装头所在的位置称为工作站，各工作站所执行的工作均不同，如图 4.9 所示。

第一站：执行供料机送料、吸取零件等。

第二站:进行大零件取件成败检测及角度预转,角度预转为减少第八站将零件转到最终角度的时间,同时减少旋转惯性引起的角度误差,进行+90°的预转。

第三站:执行置件工作头误差角度修正。

第五站:使用大、小视野相机进行零件位置、角度偏差和有无零件等检测。

第六站:测试吸嘴头所吸零件厚度(可选)。

第八站:执行最终置件角度旋转。根据第五站影像处理的结果在第八站用伺服马达进行最终角度的旋转。

第九站:执行将零件置放在生产基板上,但在第五站影像处理不良零件时将不做置件。

第十站:执行角度旋转还原,同时进行吸嘴原始位置检测。

第十一站:确认置件头降后是否升起,以及为了计算生产信息执行置件工作头检测。

第十三站:执行将第五站影像处理不良的零件从吸嘴头上清除,同时执行吸嘴头切换前吸嘴头上6个吸嘴所在位置的检测。

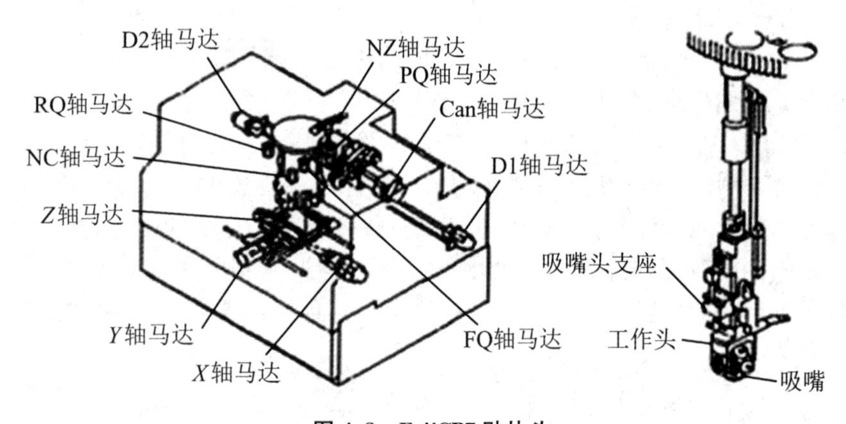


图 4.8　FujiCP7 贴片头

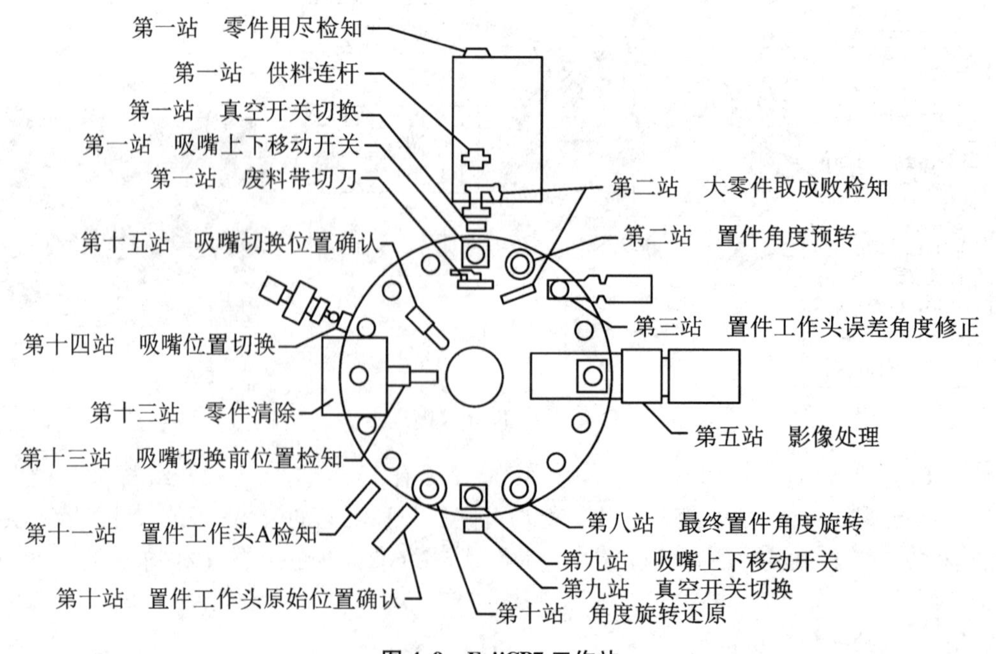


图 4.9　FujiCP7 工作站

第十四站：使用伺服马达，执行吸嘴位置切换。

第十五站：执行吸嘴位置切换后是否正确切换的确认。

贴片相关机构如下：

凸轮箱由凸能轴马达、主驱动装置、凸轮轴、驱动连杆、气压缸等机构组成；主驱动装置由两部分组成：一部分带动置件工作头上的角度驱动离合器，用来驱动齿轮盘动作；另一部分是带动吸嘴头动作的装置。

(2) 垂直旋特式/转盘式

Siemens 80S-20 转动贴片头如图 4.10 所示。

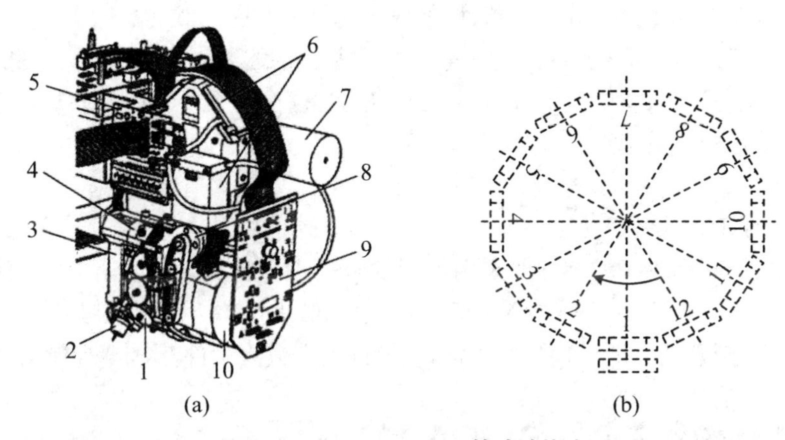


**图 4.10　Siemens 80S-20 转动贴片头**

(a)：1—Sleeves(12 个)，贴片头的真空吸嘴；2—弃料马达；3—后半头；4—前半头；5—元件亮度控制板；6—(元件)照相机；7—消音器；8—$Z$ 轴电机；9—中间转换极；10—Star 电机

(b)：1—取料贴片站，在此站，吸嘴吸取元件，在料台上吸取元件，贴放到 PCB 上；3—弃料站，未通过图像处理或未通过真空检测的元件，将在此站被扔到弃料盒中；7—元件图像处理，吸起的元件将在此站通过图像处理；9—元件旋转，元件在此站通过 Turning System(旋转系统)转到程序设定的角度；10—在此站，Sleeve 可以被取下或安装

**4. 组合式贴片头**

(1) 集拾/贴装结构

每台贴片机安装两个机械手，每个机械手装有一个旋转贴装轮，配置多个真空吸嘴。当一个机械手的旋转贴装轮依次吸持拾取器件时，另一个则贴装器件。由于有多个吸持位置，所以在器件吸持与贴装之间的运动时间较长。单梁或双梁结构贴片机的多个真空吸嘴也能实现时间共享。实际上，许多双梁结构贴片机在梁上装有多个贴装头，也可认为是一种集拾/贴装结构的贴片机系统。这种结构具有许多双梁结构的优点，即共享一个设备基座、传送系统及控制系统，以及设备每平方米占有场地的贴装成本减少。

(2) 多头吸持/贴装结构(MPP)

若干块 PCB 依次排列装载在传送系统上，并以相同的移位行程同步进行换位，贴片机机械手安装在贴片机的长轴向，每个机械手配置单个吸嘴的贴装头，贴片机的前部安装一定数量送料器，器件被吸持后，各机械手进行激光对准，移动器件到 PCB 上相对应的贴装位置。这种结构的贴片机采用多个贴片机械手并行操作，实现器件与贴装并行完成。整个 PCB 贴装区分为多个移位工序，没有因 PCB 的传送时间而增加器件的吸持贴装时间。PCB 与送料器是固定的，MPP 结构可高精度贴装器件；设备安装占有场地小，在设备不停机的条件下,可补充送料器;最少的待工时间,能更换有故障的贴片机械手,因此这种结构的低制造成本适用于大批量生产,贴装产量最高可达 35 kCPH。

当然 MPP 结构并非没有缺点,其送料器的数量关系到设备的贴片机械手,这样配置就与贴装产量相关,而且 PCB 上的器件布局对贴装产量也有影响;华夫盘送料器不能使用;使用复盖器件封装类型宽的真空吸嘴,但在贴片机械手上没有吸嘴变换装置,吸嘴的配置显得不足;因 PCB 的器件贴装需要分几个工序区,所以新 PCB 的贴装准备较麻烦、费时,可使用智能化校准技术,但与贴装工作区只有一块 PCB 相比,其校准仍较复杂。

安必昂 FCM 型贴片机,由 16 个独立贴片头组合而成。16 个贴片头可以同时贴放元件,每小时可以贴放 9.6 万个片式元器件,但对于每个贴片头来说,每小时只贴 6000 个片式元器件,仅相当于一台中速机的水平,因此工作时贴片精度高,故障率小、噪声低。对一个需贴装的产品来说,只要将所贴放的元件按照一定的程序分配到 16 个贴片头上,就能实现均衡组合,并可获得极高的速度。

**5. 吸嘴**

(1) 吸嘴的真空系统

不同形状、不同大小的元器件要采用不同的吸嘴进行拾放,一般元器件用真空吸嘴,对于异形元件(如没有吸取平面的连接器等)则采用机械爪结构。吸嘴在吸片时,必须达到一定的真空度方能判别拾起的元件是否正常,当元件侧立或因元件"卡带"未能被吸起时,贴片机将会发出报警信号。

(2) 吸嘴的软着陆

贴片头吸嘴拾起元件并将其贴放到 PCB 上的瞬间,通常是采取两种方法贴放,一是根据元件的高度,即事先输入元件的厚度,当贴片头下降到此高度时,真空释放并将元件贴放到焊盘上,采用这种方法有时会因元件厚度的超差,出现贴放过早或过迟的现象,严重时会引起元件移位或"飞片"缺陷;另一种更先进的方法是,吸嘴会根据元件与 PCB 接触瞬间产生的反作用力,在压力传感器的作用下实现贴放的软着陆,又称为 $Z$ 轴的软着陆,故贴片轻松,不易出现移位与飞片缺陷。

(3) 吸嘴的材料与结构

随着元件的微型化,而吸嘴又高速与元件接触,其磨损是非常严重的,特别是在高速贴片机中,故吸嘴的材料与结构也越来越受到人们的重视。早期,吸嘴采用合金材料,而后又改为碳纤维耐磨塑料材料,更先进的吸嘴则采用陶瓷材料及金刚石,使吸嘴更耐用。

吸嘴的结构也做了改进,特别是在 0603 元件的贴片中,为了保证吸起的可靠性,在吸嘴上设个孔,以保证吸取时的平衡。此外还考虑到,元件本身的尺寸在减小,而且与周围元件的间隙也在减小,因此要能吸起元件,且不影响周边元件,故改进后的吸嘴即使元件之间的间隙为 0.15 mm 也能方便贴装。

## 4.2.2 定位系统

### 4.2.2.1 $X$、$Y$ 定位系统

**1. 功能**

$X$、$Y$ 定位系统是贴片机的关键机构,也是评估贴片机精度的主要指标。它包括 $X$、$Y$ 传

动结构和 $X$、$Y$ 伺服系统，其功能有两种，一种是支撑贴片头，即贴片头安装在 $X$ 导轨上，$X$ 导轨沿 $Y$ 方向运动，从而实现 $X$、$Y$ 方向贴片的全过程，这类结构在通用型贴片机（泛用机）中多见；另一种是支撑 PCB 承载平台，并实现 PCB 在 $X$、$Y$ 方向的移动，这类结构常见于塔式旋转头类的贴片机（转塔式）中。在上述两种 $X$、$Y$ 定位系统中，$X$ 导轨沿 $Y$ 方向的运动，其特点是 $X$ 导轨受 $Y$ 导轨支撑，并沿 $Y$ 轴运动，属于动式导轨（Moving Rail）结构，从运动的形式来看，它属于连动式结构。

还有一类贴片机，其机头安装在 $X$ 导轨上，并又做 $X$ 方向的运动，PCB 承载台仅做 $Y$ 方向的运动，工作时两者配合完成贴片过程，其特点是 $X$、$Y$ 导轨均与机座固定，此类贴片机属于静式导轨（Statil Rail）结构。从运动的形式来看，它属于分离式结构。从理论上讲，分离式结构的导轨在运动中的变形量要小于连动式，但在分离式的结构中，PCB 处于运动状态，所以应考虑对贴装后的元器件是否产生位移。

**2. 传动机构**

$X$、$Y$ 传动机构主要有两大类，一类是滚珠丝杠，另一类是同步齿行带。

(1) 滚珠丝杠

典型的滚珠丝杠的结构是贴片头固定在滚珠螺母基座和对应的直线导轨上方的基座上，当马达工作时，带动螺母做 $X$ 方向往复运动，有导向的直线导轨支承，保证运动方向平行；$X$ 轴在两平行滚珠丝杠-直线导轨上做 $Y$ 方向的移动，从而实现了贴片头在 $X$、$Y$ 方向的正交平行移动。同理，PCB 承载平台也以同样的方法，实现 $X$、$Y$ 方向的正交平行移动。此外，在高速机中采用无摩擦线性马达和空气轴承导轨传动，运行速度能做得更快。

贴片速度的提高，意味着 $X$、$Y$ 传动结构速度的提高，这将会导致 $X$、$Y$ 传动结构因运动过快而发热。通常，钢的线膨胀系数为 0.000015，铝的线膨胀系数为钢的 1.5 倍，而滚珠丝杠（与马达连接）为主要热源，其热量的变化会影响贴装精度，故最新研制出的 $X$、$Y$ 传动系统在导轨内部设有（氮冷）冷却系统，以降低因热膨胀带来的误差。

(2) 同步齿行带

典型的同步齿行带用在直线导轨结构中，同步齿行带由传动马达驱动小齿轮，使同步带在一定范围内做直线往复运动。这样带动轴基座在直线轴承做往复运动，两个方向的传动部件组合在一起组成 $X$、$Y$ 传动系统。同步齿行带载荷能力相对较小，仅适用于贴片头运动。其典型产品是德国西门子贴片机，如 HS-50 型贴片机，该系统运行噪声低，工作环境好。

**3. *X*、*Y* 定位控制系统**

随着 SMC/SMD 尺寸的减小及精度的不断提高，对贴片机贴装精度的要求也越来越高，而 $X$-$Y$ 定位系统是由 $X$、$Y$ 伺服系统来保证的，即上述的滚珠丝杠-直线导轨及齿行带-直线导轨，由交流伺服电机驱动，并在位移传感器及控制系统的指挥下实现精确定位，因此位移传感器的精度起着关键作用。

(1) 位移传感器

位移传感器包括圆光栅编码器、磁栅尺和光栅尺。

① 圆光栅编码器。圆光栅编码器的转动部位上装有两片圆光栅，圆光栅由玻璃片或透明塑料制成，并在片上镀有明暗相间的放射状铬线，相邻的明暗间距称为一个栅节。整个圆周的总栅节数为编码器的线脉冲数。铬线数的多少，也表示精度的高低，显然，铬线数越多，其精度越高。其中一片光栅固定在转动部位做指标光栅，另一片则随转动轴同步运动并用来计数，因此，指标光栅与转光栅组成一对扫描仪，相当于计数传感器。

编码器在工作时，可以检测出转动件的位置、角度及角加速度，可以将这些物理量转换成电信号，传输给控制系统，控制系统就可以根据这些量来控制驱动装置。因此，圆光栅编码器通常装在伺服电机中，而电机直接与滚珠丝杆相连。当贴片机在工作时，将位移量转换为编码信号，输入编码器中；当电机在工作时，编码器就能记录丝杆的旋转度数，并将信息反馈给比较器，直至符合被测线性位移量，这样就将旋转运动转换成了线性运动，保证贴片头运行到所需位置上。

采用圆光栅编码器的位移控制系统结构简单，抗干扰性强，其测试精度取决于编码器中光栅盘上的光栅数及滚珠丝杠导轨的精度。

② 磁栅尺。磁栅尺由磁栅尺和磁头检测电路组成，利用电磁特性和录磁原理对位移进行测试。磁栅尺在非导磁性标尺的基础上采用化学涂覆或电镀工艺沉积一层磁性膜(厚度一般为 10～20 μm)，在磁性膜上录制代表一定长度并具有一定波长的方波或正弦波磁轨迹信号。磁头在磁栅尺上移动和读取磁信号，并转变成电信号输入到控制电路，最终控制 AC 伺服电机的运行。通常磁栅尺直接安装在 *X*、*Y* 导轨上。

磁栅尺的优点是制造简单，安装方便，稳定性高，量程范围大，测试精度高达 1～5 μm。一般高精度自动贴片机用此装置，贴片精度一般为 0.02 mm。

③ 光栅尺。该系统与磁栅尺系统类似，也由光栅尺、光栅读数头与检测电路组成。光栅尺在透明玻璃或金属镜面上真空沉积镀膜，并利用光刻技术制作密集条纹(100～300 条纹/mm)，条纹平行且间距相等。光栅读数头由指示光栅、光源、透镜及光敏器件组成。指示光栅有相同密度的条纹，光栅尺根据物理学的莫尔条纹形成原理进行位移测试，测试精度高，一般为 0.1～1 μm。光栅尺在高精度贴片机中应用，其定位精度比磁栅尺还要高 1～2 个数量级。但装有光栅尺的贴片机对环境要求比较高，特别是防尘，尘埃落在光栅尺上将会引起贴片机故障。

(2) *X-Y* 运动系统的速度控制

在高速机中，*X-Y* 运动系统的运行速度高达 150 mm/s，瞬时的启动和停止都会产生震动和冲击。最新的 *X-Y* 运动系统采用模糊控制技术，运动过程中分三段控制，即"慢—快—慢"，呈"S"形变化，从而使运动变得"柔和"，有利于贴片精度的提高，同时机器噪声也可以减到最小。

**4. *Y* 轴方向运行的同步性**

由于支撑贴片机头的 *X* 轴是安装在两根 *Y* 轴导轨上的，所以为了保证运行的同步性，早期的贴片机采用齿轮、齿条和过桥装置将两根 *Y* 轴导轨相连接，但这种做法，机械噪声大，运行速度受到限制，贴片头的停止与启动均会产生应力，导致震动并可能会影响贴片精度。目前，设计的新型贴片机的 *X* 轴运行采用完全同步控制回路的双 AC 伺服电机驱动系统，将内部震动降至最低，从而保证了 *Y* 方向同步运行，其速度快、噪声低，贴片头运行流畅、轻松。

#### 4.2.2.2 *Z* 轴伺服定位系统

在通用型贴片机(泛用机)中，支撑贴片头的基座固定在 *X* 导轨上，基座本身不做 *Z* 方向的运动。这里的 *Z* 轴控制系统，特指贴片头的吸嘴运动过程中的定位，其目的是满足不同厚度 PCB 与不同高度元器件的贴片需要。*Z* 轴控制系统常见的形式有下列几种。

**1. 圆光栅编码器——AC/DC 马达伺服系统**

在通用型贴片机(泛用机)中，吸嘴的 *Z* 方向伺服控制与 *X*、*Y* 伺服定位系统类似，即采用圆光栅编码器的 AC/DC 伺服马达-滚珠丝杆(或同步带)机构。采用 AC/DC 伺服马达-滚珠丝杆控制时,其马达-滚珠丝杆安装在吸嘴上方;采用 AC/DC 伺服马达-同步带控制时,其马达则可安装在侧位,通过齿轮转换机构实现吸嘴在 $Z$ 方向的控制。由于吸嘴 $Z$ 方向的运动行程短,采用光栅编码器,所以通常的控制精度均能满足要求。

**2. 圆筒凸轮控制系统**

在松下 MVB 型贴片机中,吸嘴 $Z$ 方向的运动是依靠特殊设计的圆筒凸轮曲线实现的,贴片时在 PCB 装载台的配合下(装载台可以自动调节高度)完成贴片程序。

**3. *Z* 轴上的置放力**

以前的气动式 $Z$ 轴运动执行器被伺服控制线性电机所取代,该电机可精确地控制高度、贴装力和挤压力。现有多种可编程贴装力控制方法及新型挤压力控制算法,可防止元件发生微小的破裂。自适应贴装算法可计入电路板的高度因素及每种元件的专用贴装力,从而提升高质量工艺的运作速度和产量。伺服驱动能够精确地控制旋转运动,新型 $Z$ 轴控制系统非常强大,有利于提高工艺可靠性,减少停机时间。

#### 4.2.2.3 $Z$ 轴旋转 $\theta$ 定位

早期贴片机的 $Z$ 轴/吸嘴的旋转控制是采用汽缸和挡块来实现的,现在的贴片机已直接将微型脉冲马达安装在贴片头内部,以实现 $\theta$ 方向高精度的控制。松下 MSR 型贴片机的微型马达的分辨率为 0.072°/脉冲,通过高精度的谐波驱动器(减速比为 30∶1)直接驱动吸嘴装置。由于谐波驱动器具有输入轴与输出轴同心度高、间隙小、震动低等优点,故吸嘴的 $\theta$ 方向的实际分辨率高达 0.024°/脉冲,确保了贴片精度的提高。

### 4.2.3 传送机构

传送机构的作用是将需要贴片的 PCB 送到预定位置,贴片完成后再将 SMA 送至下道工序。传送机构是安放在轨道上的超薄型皮带传送系统。通常皮带安置在轨道边缘,皮带分为 A、B、C 三段,并在 B 区传送部位设有 PCB 夹紧机构,在 A、C 区装有红外传感器,更先进的机器还带有条形码阅读器,该阅读器能识别 PCB 的进入和送出、记录 PCB 的数量。JUKI 贴片机传送机构如图 4.11 所示。

**1. 整体式导轨**

在这种方式的贴片机中,PCB 的进入、贴片、送出始终在导轨上,当 PCB 送到导轨上并前进到 B 区时,PCB 会有一个后退动作并遇到后制限位块,于是 PCB 停止运行。与此同时,PCB 下方带有定位销的顶块上行,将销钉顶入 PCB 的工艺孔中,并且 B 区上的压紧机构将 PCB 压紧。在 PCB 的下方,有一块支撑台板,台板上有阵列式圆孔,当 PCB 进入 B 区后,可根据 PCB 结构的需要在台板上安装适当数量的支撑杆,随着台面的上移,支撑杆将 PCB 支撑在水平位,这样当贴片头工作时就不会将 PCB 下压而影响贴片精度。JUKI 贴片机具有独特的三段式独立轨道设计和基板轨道压紧装置,使得大部分的基板均可免用支撑顶针而被很好地固定,可节约品种转换时调节顶针位置和高度的时间。

若 PCB 事先没有预留工艺孔,则可以采用光学辨认系统确认 PCB 的位置,此时可以将定位块上的销钉拆除,当 PCB 到位后,由 PCB 前、后限位块及夹紧机构共同完成 PCB 的定位。通常,光学定位的精度高于机械定位,但定位时间较长。

| | VVS・4 | VS | S | M | L・2.8 | LL・3.8 | LLL・4 | 圆筒M | 圆筒L・5 |
|---|---|---|---|---|---|---|---|---|---|
| 形状 | | | | | | | | | |
| 识别 | 反射专用 | 反射专用 | 反射专用 | 反射专用 | 通・反并用 | 通・反并用 | 反射专用 | 反射专用 | 反射专用 |

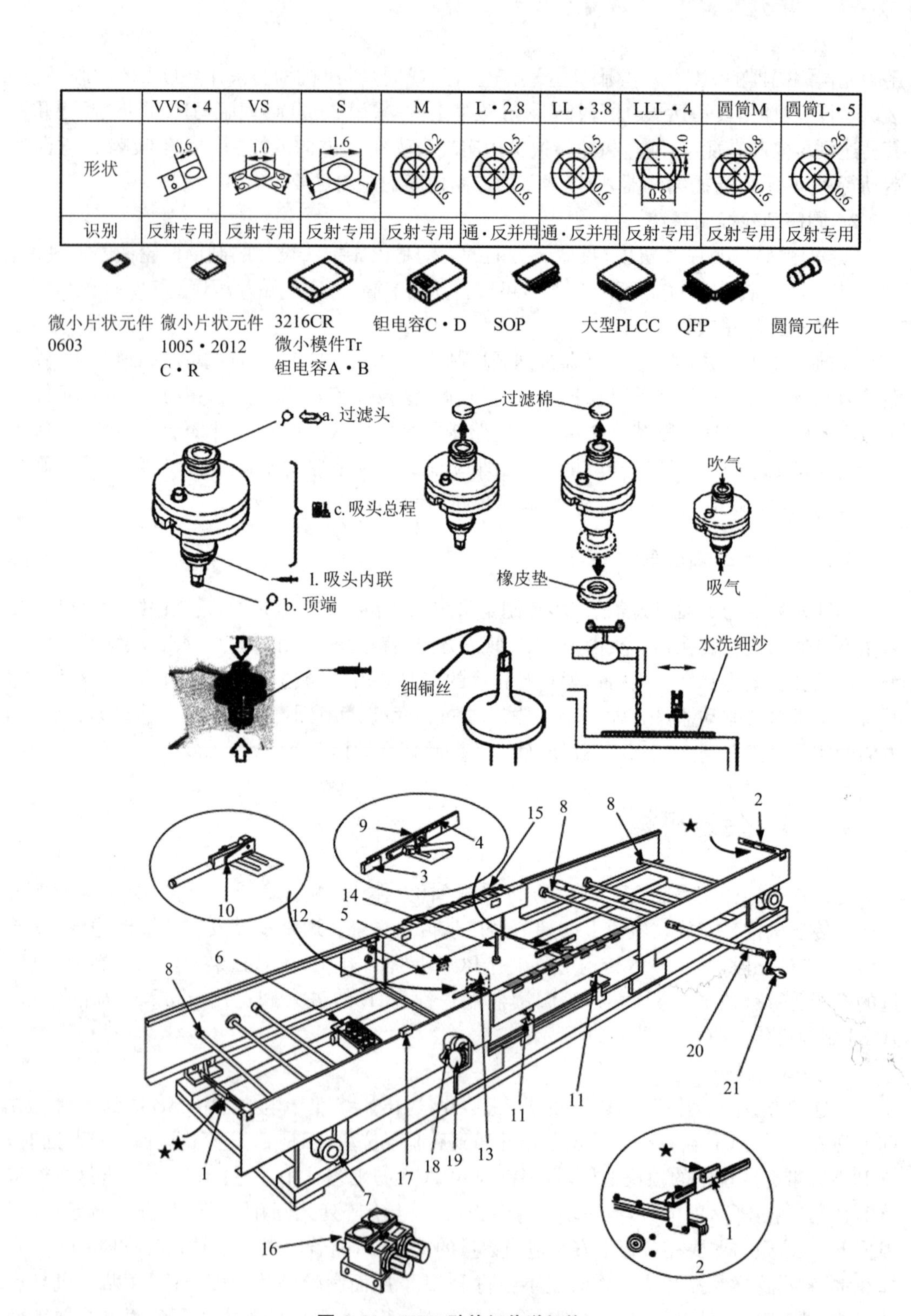


**图 4.11　JUKI 贴片机传送机构**

1—IN 传感器；2—OUT 传感器；3—停止传感器；4—C-OUT 传感器；5—支撑台原点传感器；6—传送电磁阀；7—传送马达；8—驱动轴；9—挡块；10—夹杆 X(外形基准用)；11—定心销；12—支撑台；13—马达；14—支撑销；15—夹杆 Y(外形基准用)；16—减压阀(外形基准用)；17—等待传感器；18—调整手柄；19—调整挡块；20—调整杆；21—摇把

**2. 活动式导轨**

在另一类高速贴片机中，B区导轨相对于A、C区始终固定不变，A、C区导轨却可以上下升降。当PCB由印刷机传送到导轨A区时，A区导轨处于高位并与印刷机相接；当PCB运行到B区时，A区导轨下沉到与B区导轨同一水平面上，PCB由A区移到B区，并由B区夹紧定位；当PCB贴片完成后送到C区导轨时，C区导轨由低位（与B区同水平面）上移到与下道工序的轨道同一水平面，并将PCB由C区送到下道工序。然而在松下MSR型贴片机中，其A、C区导轨为固定导轨，B区导轨则设计成可做 *X-Y* 移动的PCB承载台，并可做上下升降运动。

**3. 双传送带技术**

双通道的传送带能同时（同步模式）处理双PCB的运输系统，在同一机器上贴片PCB的顶面和底面（异步模式），如图4.12所示。在同步模式中，相同或不同类型的双PCB同时传送，通过贴片系统的灵活性很大。在异步模式中，运输时间减到最小。一块板移进机器，在贴片的同时，同一类型的第二块板被传送到机器上。

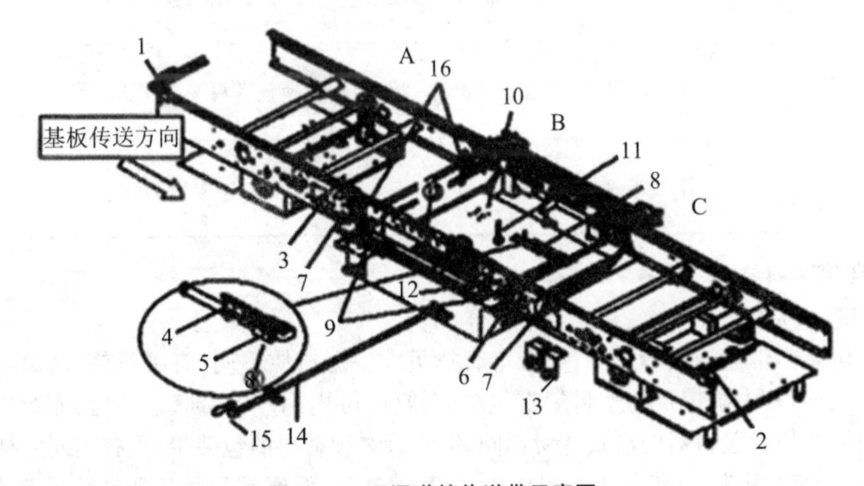


**图4.12　双通道的传送带示意图**

1—输入传感器；2—输出传感器；3—等待传感器；4—停止传感器；5—等待输出传感器1；6—等待输出传感器2；7—支撑销检测传感器；8—停止挡销；9—定心销；10—支撑台；11—顶针；12—调节手柄；13—调节停止挡销；14—调整杆；15—调节手柄；16—汽缸

**4. 机架**

机架是机器的基础，所有的定位、传送机构均牢固地固定在它的上面，大部分型号的贴片机及其各种送料器也安置在它的上面，因此机架应有足够的机械强度和刚性。

（1）整体铸造式

整体铸造的机架的特点是整体性强、刚性好，整个机架铸造后采用时效处理，机架的变形微小，工作时稳固。高档机多采用此类结构。

（2）钢板烧焊式

这类机架由各种规格的钢板等烧焊而成，再经时效处理以减少应力变形。它的整体性比整体铸造低一点，但具有加工简单、成本较低的特点，在外观上（去掉机器外壳）可见到焊缝。

机器采用哪种结构的机架，取决于机器的整体设计和承重。通常，机器在运行过程中应平稳，无震动感（用金属币立于机器上不会出现翻倒），这从某种意义上来讲机架起着关键作用。

### 4.2.4 送料机

送料机（Feeder），即供料机，其作用是将片式元器件 SMC/SMD 按照一定规律和顺序提供给贴片头，以便准确、方便地拾取，也是选择贴片机和安排贴工艺的重要组成部分。随着贴片的速度和精度要求的提高，近几年来送料机的设计与安装愈来愈受到人们的重视。根据 SMC/SMD 包装的不同，送料机通常有带状、管状、盘状和散装等几种，如表 4.1 所示。

**表 4.1 贴片机送料器的类型**

| 类　型 | 说　明 |
| --- | --- |
| 带状送料器（Tape Feeder） | 8 mm、12 mm、16 mm、24 mm、32 mm、44 mm、56 mm 等种类，12 mm 以上的送料器除 32 mm 外，输送间距可根据元件情况进行调整 |
| 管状送料器（Stick Feeder） | 高速管装带料器、高精度多重管装供料器、高速层式管装供料器 |
| 盘状送料器（Tray Feeder） | 手动转盘式、自动转盘式、自动转盘拾取换盘送料 |
| 散装送料器（Bulk Feeder） | 振动式、吹气式 |

**1. 带状送料器**

（1）带状包装

带状包装由带盘与编带组成，类似电影拷贝。根据材质不同，有纸编带、塑料编带及黏结式编带三种，其中纸编带与塑料编带包装的器件，可用同一种带状送料器，而黏结式塑料编带所使用的带状送料器的形式有所不同，但不管哪种材料的包装带，均有相同的结构。

① 纸编带由基带、底带和带盖组成，其中基带是纸，而底带和盖带则是塑料薄膜。基带上布有小圆孔，又称同步孔，是供带状送料器上棘轮传动时的定位孔，两孔之间的距离称为步距。矩形孔是装载元器件的料腔，用来装载不同尺寸的元件。带宽已有标准化尺寸，为 8～56 mm。用来装载 0603 以上尺寸元件的同步孔距均为 4 mm，而小于 0603 尺寸的包装带上的同步孔距则为 2 mm，故定购送料器时应加以区别。

② 塑料编带由基带、盖带和底带组成，均为塑料，其同步孔及带宽与纸编带类似。

③ 黏结式编带常用于包装尺寸大一些的器件，如 SOIC 等。包装的元器件依靠不干胶黏合在编带上，编带上有一个长槽，送料器上的专用针形销将元件顶出，以便元器件在与黏结式编带脱离时被贴片机的真空吸住。

（2）送料器的运行原理

编带安装在供料器上的外观如图 4.13 所示，编带轮固定在送料器的轴上，编带通过压带装置进入送料槽内。上带与编带基体通过分离板分离，固定到收带轮上，编带基体上的同步孔装在同步棘轮齿上，编带头折至送料器的外端。送料器装入供料站后，贴片头按程序吸取元件并通过“进给滚轮”给手柄一个机械信号，使同步轮转一个角度，使下一个元件送到送料位置上。更先进的送料器具有“清洁”功能，即在带仓打开时，还能瞬时实现对元件的“清洁”，去除元件上的“污染物”，增加元件的可焊性。上层带通过皮带轮机构将自己收回卷紧，废基带则通过废带通道排除到外面，应定时处理。

图 4.13　送料器的运行图

(3) 送料器的种类

根据驱动同步棘轮的动力来源，带状送料器可分为机械式、电动式和气动式。机械式就是棘轮驱动结构，是通过向进给手柄打压驱动同步棘轮前进的，故称为机械式；而电动式的同步棘轮的运行则是依靠低速直流伺服电机驱动的。此外，气动式送料器同步棘轮的运行依靠微型电磁阀的转换来控制。目前，送料器以电动式为多见。高速贴片机一般采用自动换料车，如图 4.14 所示。

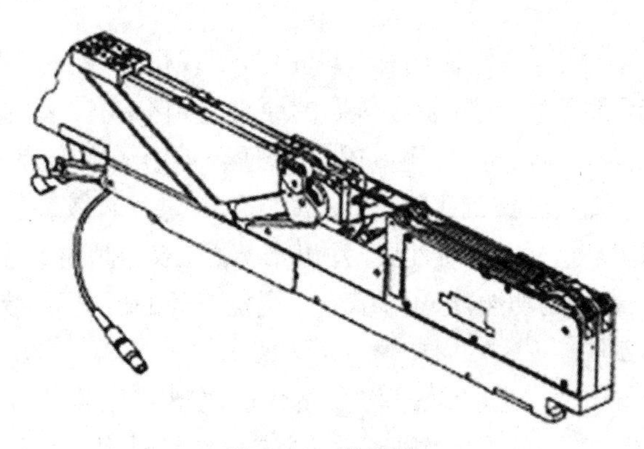

图 4.14　送料器

**2. 管状送料器**

许多 SMD 采用管状包装，管状包装具有轻便、价廉的特点，其通常分为两大类，即 PLCC、SOJ 为“丁形脚”，SOP 为“鸥翼脚”。

管状送料器的功能是将管子内的器件按顺序送到吸片位置供贴片头吸取。管状送料器的结构形式多种多样，且由电动振动台、定位板等组成。早期仅可安装一根管，现在则可以将相同的几个管叠加在一起，以减少换料的时间，也可以将几种不同的管并列在一起，实现同时供料，使用时只要调节料架振幅即可方便地工作。

**3. 盘状送料器**

盘状送料器又称为华夫盘送料机，主要用于QFP、BGA器件，如图4.15所示。通常，这类器件引脚精细，极易碰伤，故采用上下托盘将器件的本体夹紧，并保证左右不能移动，以便于运输和贴装。盘状送料器有单盘式和多盘式两种结构形式。单盘式送料器仅是一个矩形不锈钢盘，只要把它放在料位上，用磁条就可以方便地定位。

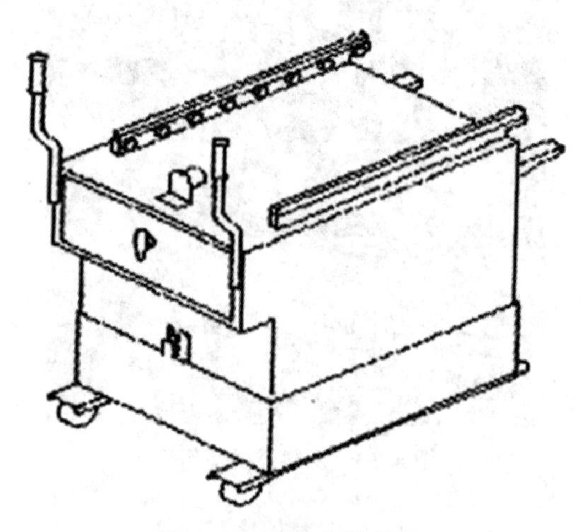

图4.15 华夫盘送料机

多种器件的送料则可以通过多盘专用的送料器，故又称为Tray Feeder，现已被广泛采用，通常安装在贴片机的后料位上，约占20个8 mm料位，但它可以为40种不同的QFP同时送料。较先进的多盘送料器可将托盘分为上、下两部分，各容20盘，并能分别控制，更换元器件时可实现不停机换料。

**4. 散装送料器**

SMC放在专用塑料盒里，每盒装有一万只元件，不仅可以减少停机时间，而且节约了大量的编带纸，故具有"环保概念"。散装送料器的原理是，它带有一套线性振动轨道，随着轨道的振动，元器件在轨道上排队向前。这种供料器适合矩形和圆形片式元件，但不适用于极性元件。目前最小元件尺寸已做到1.0 mm×0.5 mm(0402)，散装仓储式送料器所占料位与8 mm带状包装供料器相同。目前，已开发出带双仓、双轨道的散装仓储式送料器，即一只供料器相当于两只供料器的功能，这意味着在不增加空间的情况下，装料能力提高了一倍。

**5. 送料器的安装系统**

通常，以能装载8 mm送料器的数量作为贴片机送料器的装载数。大部分贴片机将送料器直接安装在机架上，这是为了提高贴片能力，减少换料时间。特别是产品更新时往往需要重新组织送料器，因此大型高速的贴片机采用双组合送料架，真正做到不停机换料，最多可以放置120×2个送料器。在一些中速机中，则采用推车一体式料架，换料时可以方便地将整个供料器与主机脱离，实现送料器整体更换，大大缩短了装、卸料的时间。

松下贴片机MSR把元件供给分成两个部分，减少了元件断档和机种切换时机器的停止时间，并且元件品种最大能够对应300种(使用双卡式料架75站+75站时)，提高了设备的生产效率。贴片机MSR运转方式有更换方式(适合少品种、大量生产并且长时间运转)、优先更换方式(被优先指定的送料台重点地使用)、准备方式(适合多品种、大量、机种切换频繁的生产)和接续方式(适合元件种类多的生产)。

### 4.2.5 计算机控制系统

计算机控制系统是贴片机所有操作的指挥中心,目前大多数贴片机的计算机控制系统采用 Windows 界面。

**1. 控制系统**

贴片机采用二级计算机控制系统,如图 4.16 所示,松下 MSRP800 控制箱如图 4.17 所示。主控计算机是整个系统的指挥中心,主要运行和存储中央控制软件、自动和存储中央控制软件、自动拾放程序编程、示教编程视觉系统、PCB 基准标号坐标数据和 CAD/键盘/拷贝视觉系统所要检测辨识的细间距器件数据库。贴片机现场控制计算机系统主要控制贴片机的运动和示教功能。

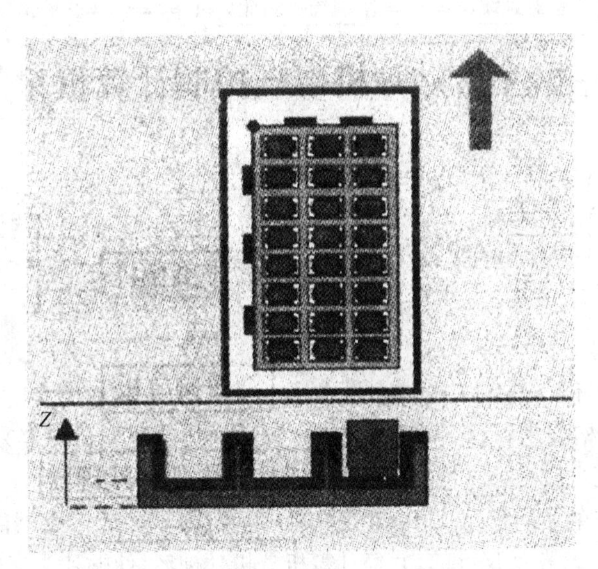


**图 4.16　贴片机二级计算机控制系统**

**2. 传感器**

随着贴片机智能化程度的提高,贴片机中安装的传感器增多,元件电器性能的检查得以实现,它们像贴片机的眼睛一样,时刻监视着机器的运转。传感器运用越多,表示贴片机的智能化水平越高。现将各种传感器的功能介绍如下:

(1) 压力传感器

在贴片机中,包括各种汽缸和真空发生器,均对空气压力有一定的要求,低于设备要求的压力时,机器就不能正常运转。压力传感器始终监视着压力的变化,一旦异常,即及时报警,提醒操作者及时处理。

(2) 负压传感器

贴片机的吸嘴靠负压吸取元器件,且由负压发生器(射流真空发生器)和真空传感器组成。负压不够,将吸不住元器件;供料器没有元器件或元件卡在料包中不能被吸起时,吸嘴也将吸不到元器件,这些情况的出现会影响机器正常工作。而负压传感器始终监视负压变化,出现吸不到或吸不住元器件的情况时,它能及时报警,提醒操作者更换供料器或检查吸嘴负压系统是否堵塞。

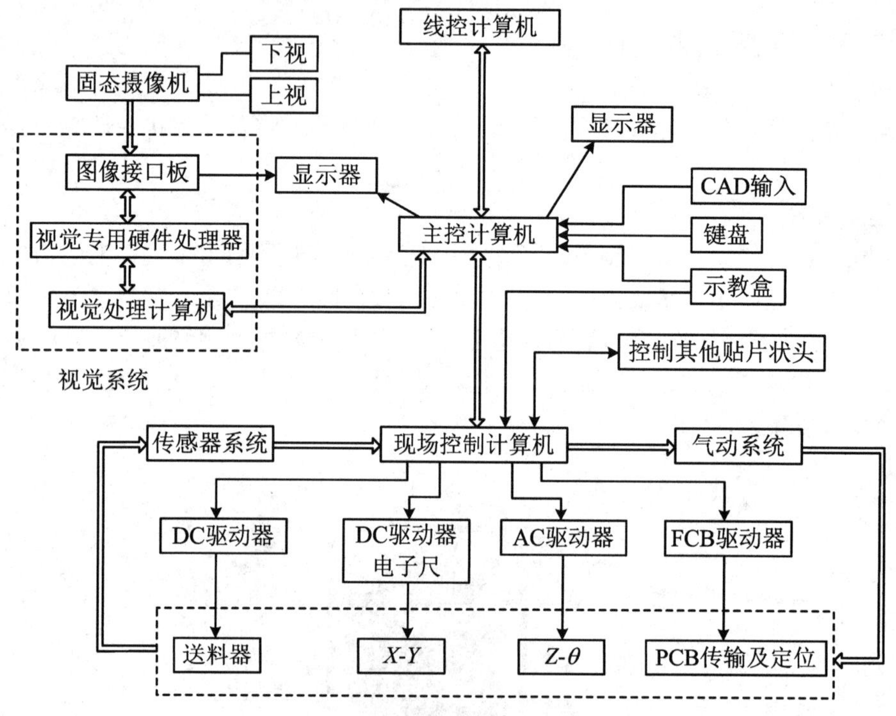


图 4.17 松下 MSRP800 控制箱

(3) 位置传感器

印制板的传输定位,包括 PCB 的计数、贴片头和工作台运动的实时检测、辅助机构的运动等,都对位置有严格要求,这些位置需要通过各种形式的位置传感器来实现。

(4) 图像传感器

贴片机工作状态的实时显示,主要采用 CCD 图像传感器,该传感器能采集各种所需的图像信号,包括 PCB 位置、器件尺寸等,并经计算机分析处理后,使贴片头完成调整与贴片工作。

(5) 激光传感器

激光已被广泛地应用在贴片机中,能帮助判断器件引脚的共面性。当被检测的器件运行到激光传感器的监测位置时,激光发出的光束照射到 IC 引脚并反射到激光读取器上,若反射回来的光束长度与发射光束相同,则器件共面性合格;若不相同,则由于引脚上翘,使反射光光束变长,激光传感器从而识别出该器件引脚有缺陷。同样,激光传感器还能识别器件的高度,这样能缩短生产预备时间。

(6) 区域传感器

贴片机在工作时,为了贴片头安全运行,通常在贴片头的运动区域内设有传感器,运用光电原理监控运行空间,以防外来物体带来伤害。

(7) 元器件检查

元器件的检查,包括供料器供料及元件的型号与精度检查。过去,元器件检查只运用于高档贴片机中,现在在通用型贴片机中也普遍采用。它可以有效地预防元件误贴、错贴或工作不正常。

(8) 贴片头压力传感器

贴片头压力传感器是通过霍尔压力传感器及伺服电机的负载特性来实现的。当元件放置到PCB上的瞬间会受到震动，其震动力能及时传送到控制系统，通过控制系统的调控再反馈到贴片头，从而实现 $Z$ 轴软着陆的功能。有该功能的贴片头在工作时，给人的感觉是平稳轻巧，若进一步观察，则元件两端浸在焊锡膏中的深度大体相同，这对防止出现“立碑”等焊接缺陷是非常有利的。不带压力传感器的贴片头，则会出现错位，导致“飞片”现象。

# 4.3 贴片机的主要技术参数

## 4.3.1 贴装精度

贴装精度包括贴装精度、分辨率和重复精度。

① 贴装精度是指元器件贴装后相对于印制板标准贴装位置的偏移量。一般来讲，贴装Chip元件要求达到±0.1 mm，贴装高密度、窄间距的SMD至少要求达到±0.06 mm，随着设备性能的提高这一指标也得到提高。

② 分辨率是贴片机运行时最小增量(例如，丝杆的每个步进为0.01 mm，那么该贴片机的分辨率为0.1 mm)的一种度量，衡量机器本身精度时，分辨率是重要指标。但是，实际贴装精度包括所有误差的总和，因此描述贴片机性能时很少使用分辨率，一般在比较贴片机性能时才使用分辨率。

③ 重复精度是指贴装头重复返回标定点的能力。

**1. MCT测试贴装精度**

贴装系统的标准偏差和标称值的平均值偏差，是贴装精度的两个核心变量，是机器能力测试(Machine Capability Test，MCT)的一部分。MCT是按照以下步骤进行的。首先，将某个最少数量的玻璃元件贴装在一块玻璃板的黏性薄膜上；然后，使用一部高精度测试机器来测定所有贴装的玻璃元件在 $X$、$Y$ 和 $\theta$ 上的贴装偏差；最后，计算在有关位置轴 $X$、$Y$ 和 $\theta$ 上的贴装偏移(标称值的平均值偏差)。

MCT测试的贴装精度示意图如图4.18所示。

第1步：最初的24小时机器必须连续无误地工作。

第2步：要求组件准确地贴装在两个板上，每个板上包括32个140引脚的玻璃芯子组件。主板上有6个全局基准点，用作机器贴装前和视觉测试系统检验组件贴装精度的参照。贴装板的数量视被测试机器的特定头和摄影机的配置而定。

第3步：用四个贴装芯片，在四个方向(0°、90°、180°、270°)贴装组件。

第4步：用测试系统扫描每个板，可得出任何偏移的完整列表。每个140引脚的玻璃芯子包含两个圆形基准点，相对于组件对应角的引脚布置精度为±0.0001 mm，用于计算 $X$、$Y$ 和 $\theta$ 旋转的偏移。所有32个贴片都通过系统测试，并计算出每个贴片的偏移。这个预定的参数在 $X$ 和 $Y$ 方向为±0.003 mm，在 $\theta$ 旋转方向为±0.2°(机器对每个组件贴装都必须保持)。

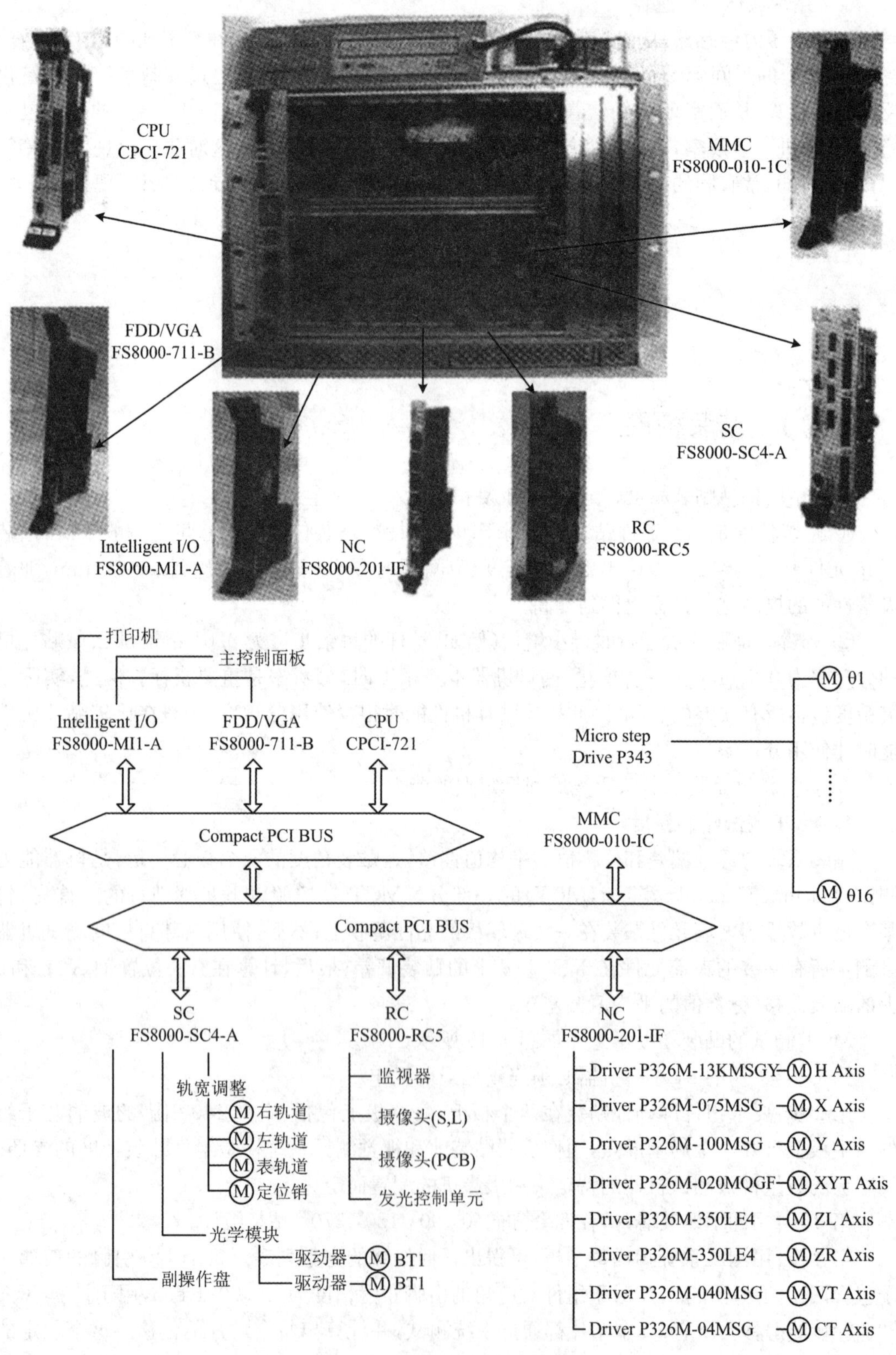


**图 4.18　MCT 测试的贴装精度**

第 5 步：为了通过最初的“慢跑”，贴装在板面各个位置的 32 个组件都必须满足以下 3 个测试规范：

① 在运行时，任何贴装位置都不能超出±0.003 mm 或±0.2°的规格。

② $X$ 和 $Y$ 俯移的平均值不能超过±0.0015 mm，它们的标准偏移量必须小于 0.0006 mm；$\theta$ 的标准偏移量必须小于或等于 0.047°。

③ 过程能力指数(Process Capability Index，Cpk)在所有三个量化区域都大于 1.50，或最大允许每百万大约有 3.4 个缺陷(Defects Per Million，DPM)。

通常，可以预计贴装偏差符合正态高斯分布，允许变换到更宽的统计基数，如 $3\sigma$ 或 $4\sigma$。对于经常使用的统计基数，上述指定的贴装系统具有 32 μm 的精度。

**2. 机器能力指数**

机器能力指数(Machine Capability Index，Cmk)可用来计算贴装精度，以下的 Cmk 结果是针对提出的 50 μm 的规格极限。

Cmk＝(规格极限－贴装偏移)/3×标准偏差＝$(3SL-\mu)/3\sigma$＝(50－6)μm/24 μm＝1.83

① $3\sigma$ 工艺能力，Cmk 达到 1.00，百万缺陷率 PPM 为 2700。

② $4\sigma$ 工艺能力，Cmk 达到 1.33，百万缺陷率 PPM 为 60。

③ $6\sigma$ 工艺能力，Cmk 达到 2.66，百万缺陷率 PPM 为 0.002。

影响贴装精度的关键因素如下：

(1) 动臂式

① 带卷位置的可重复性，喂料机定位的可重复性。带卷凹壳中元器件的位置，对于较大的元器件，如 0603 型，问题不大，而对 0402、0201 或 0105 等类器件，公差会接近元件体宽度的 50％，这时就要求采用不同的技术以确保正确的拾取。

② 轴本身偏转。在贴装头中的轴越多，该问题的处理难度就越大。

③ 贴装头对喂料器拾取中心线的平行度。

④ 贴片机上贴装的特定元器件类型的限制，可以削减贴片机上特定元器件数目的 60％，从而大大限制贴片机的适应性。

虽然有以上缺陷，但动臂式贴片机在通用性和贴装精度方面，能够提供优良的性能。贴装时电路板在 $X$ 轴和 $Y$ 轴方向不移动，这就使得大的细间距器件或裸芯片、微型 BGA 或 CSP 型器件在贴装周期位移的变化减至最小。

(2) 转盘式

转盘式贴片机经过较长时间的使用，由于零部件开始磨损，也会出现元器件拾取和贴装精度的问题。由于丝杠和凸轮表面开始磨合(或磨损)，所以 $X$、$Y$ 工作台，转盘贴装头，$\theta$ 旋转带盘丝杠之间的公差关系，基准识别能力等这些影响精度的因素相叠加，使得目标贴装或拾取点出现偏差。

(3) 组合式

组合式贴片机综合了动臂式和转盘式的优点。如果组合合理的话，这一类型的贴片机能够提供最高的拾取精度、特定元器件的喂料、最佳贴装精度和控制、异形元器件组装线的适应性及组件的高质量。采用多功能喂料器进一步提高了组装线的适应性，使多机组装所要求的喂料器的总数减至最小。影响贴装率的关键因素是贴装头转轮的直径，转轮会把离心力施加到被贴的元器件上。转轮的直径越大，贴装头的旋转就越慢，可防止离心力的负面影响。因此，在传统的较大型转盘式射片机上，较大元器件的重量对贴装离心力产生同样的负面影响。尺寸因素会减少相关公差的机械放大作用,因此必须改善拾取和贴装精度。

### 4.3.2 贴片速度

一般高速机的贴片速度为 0.2 秒/片,目前的最高贴片速度为 0.06 秒/片。高精度多功能机一般都是中速机,贴片速度为 0.3～0.6 秒/片。实际贴片速度通常为理论贴片速度的 65%～70%。

贴片机的过程能力指数 Cpk 如下:

① 1.33<Cpk≤2 表示能力因素充足。

② 1≤Cpk≤1.33 表示能力因素尚可。

③ Cpk<1 表示能力因素欠缺。

## 4.4 贴片机软件编程



### 4.4.1 JUKI 贴片机编程

使用 EPULauncher 软件编程主要包括:Altium Designer 导出 PCB 坐标文件,CSV、Flexline 对坐标文件进行转换和 EPULauncher 软件进行预编辑导出"2060 格式文件(e48)"。

**1. Altium Designer 导出坐标文件**

① 设置坐标原点:点击"Edit"→"Orign"→"Set",点击图形左下角,如图 4.19 所示。

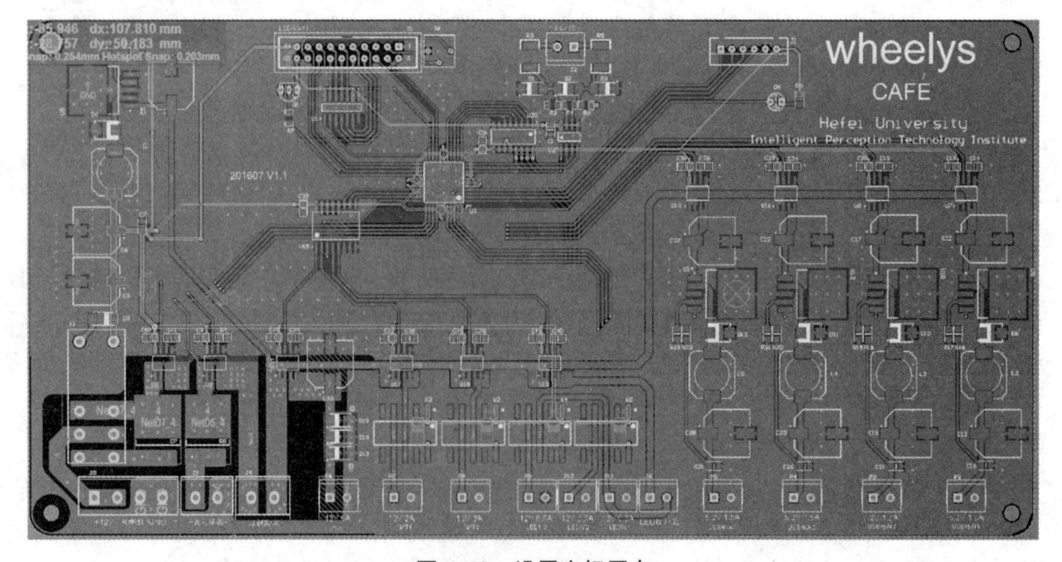


图 4.19 设置坐标原点

② 导出坐标文件:点击"File"→"Assembly Outputs"→"Generate spick and place files",在弹出对话框中,"Formats"项选择"CSV","Units"项选择"Metric"。

③ 坐标数据处理：打开导出的. CSV 文件，删除 RefX、RefY、PadX、PadY，选择 MidX 和 MidY 两列数据，菜单栏选择“编辑→替换”功能，再查找内容“mm”，替换为“空格”，则可将单位“mm”去掉。

④ 在. CSV 文件的 Designator 列，将元器件标号修改成实际器件的参数，如 10 kΩ 的电阻则标记为 R103。

⑤ 导出的坐标文件包括顶层和底层，筛选导出顶层和底层坐标文件。

**2. Flexline 坐标文件转换**

① 双击桌面图标 Flexline CAD，打开软件界面，如图 4.20 所示。

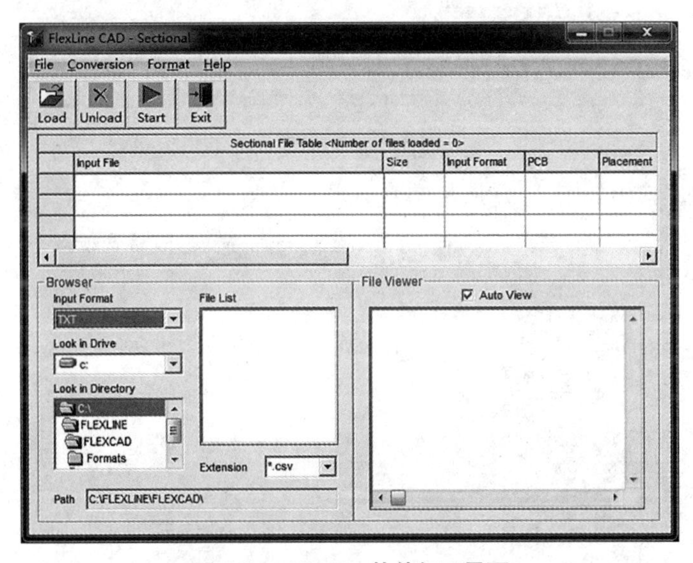


**图 4.20 Flexline 软件打开界面**

② 选择“Input Format”格式为“TXT”，“Look in Directory”选择文件存储的位置，“File List”列出文件×××××. CSV，双击文件名弹出如图 4.21 所示的界面，勾选“Placement”。

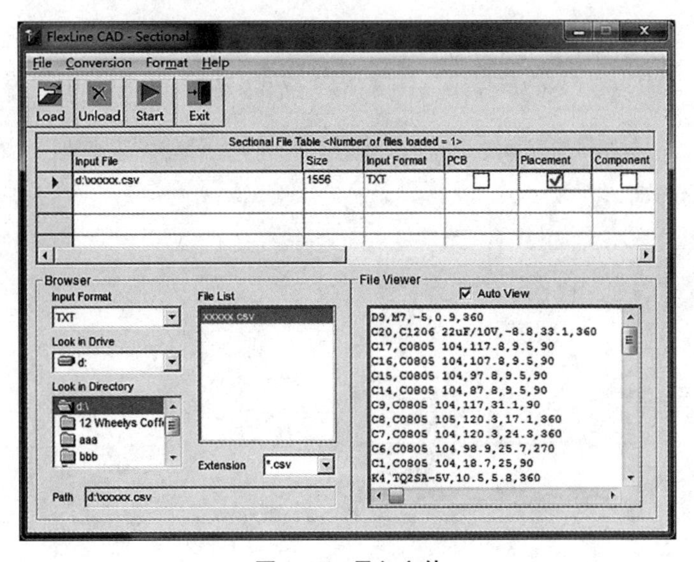


**图 4.21 导入文件**

③ 在图 4.21 的界面点击“Start”,弹出如图 4.22 所示的界面,“Output Format”选择格式为“2060R1.00”,其他默认,点击“Yes”。

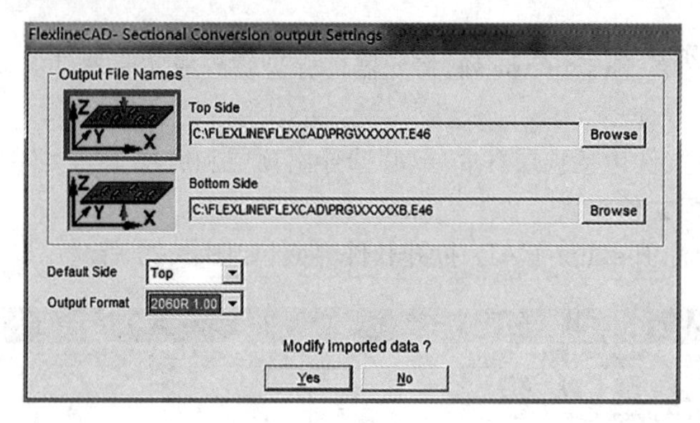


图 4.22 输出设置

④ 点击“Yes”弹出如图 4.23 所示的界面。

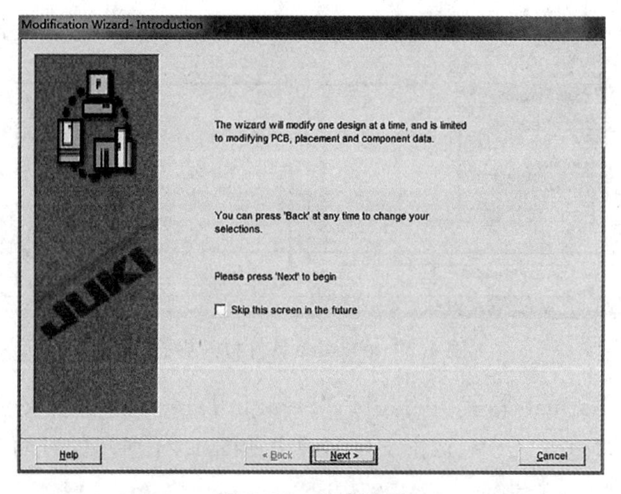


图 4.23 完成设置

⑤ 在图 4.23 中点击“Next”弹出如图 4.24 所示的界面,点击“Next”弹出“Modification

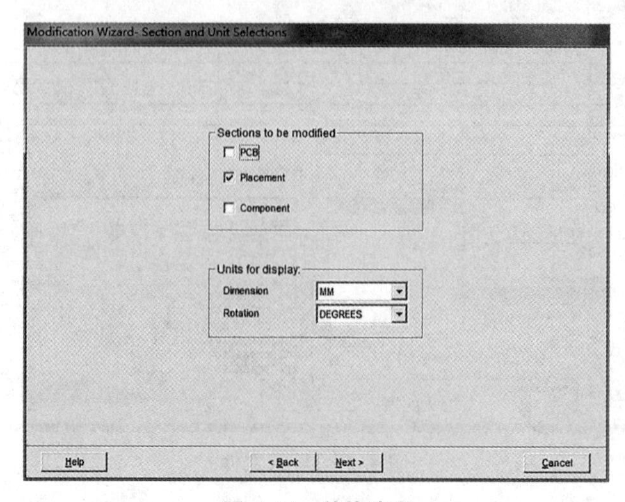


图 4.24 其他选项

Wizard-Finish”界面,点击“Finish”完成,如图 4.25 所示。

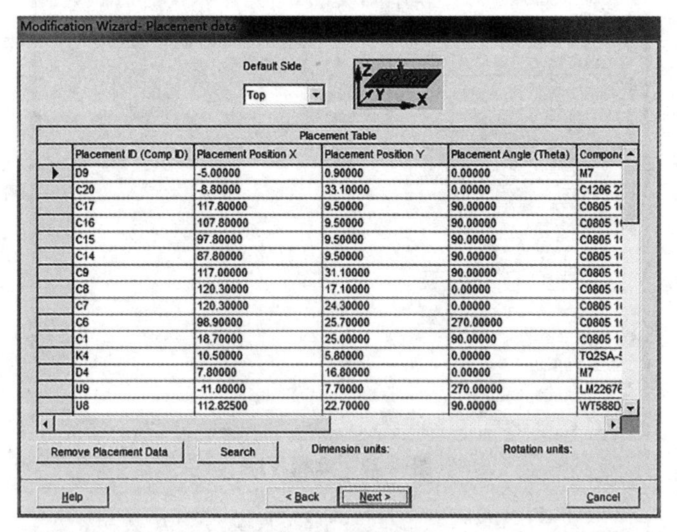


图 4.25　元件设置

**3. EPULauncher 编程**

① 打开软件如图 4.26 所示。

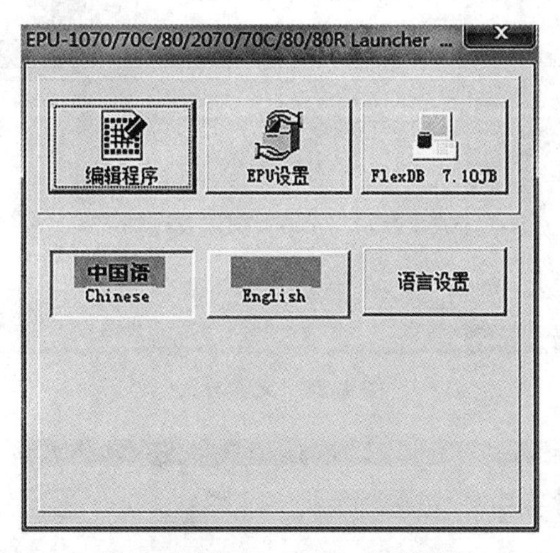


图 4.26　EPULauncher 启动界面

② 点击“编辑程序”,弹出如图 4.27 所示的界面。

③ 点击“文件”→“打开”,导入文件并选择“文件类型”为“2060/2055B/2060E 格式文件(e46)”,如图 4.28 所示。

④ 导入完成,如图 4.29 所示。

⑤ 在图 4.29 所示界面中单击“基本设置”,如图 4.30 所示,定位方式为“外形基准”,BOC 类型为“使用基板标记”,基板配置根据实际情况选择,其他默认。

⑥ 若在第⑤步选择的为“矩阵电路板”,再点击“尺寸设置”,如图 4.31 所示。

⑦ 单击“贴片数据”,如图 4.32 所示,根据 PCB 设计图调整如图 4.32 所示的“贴片角度”。

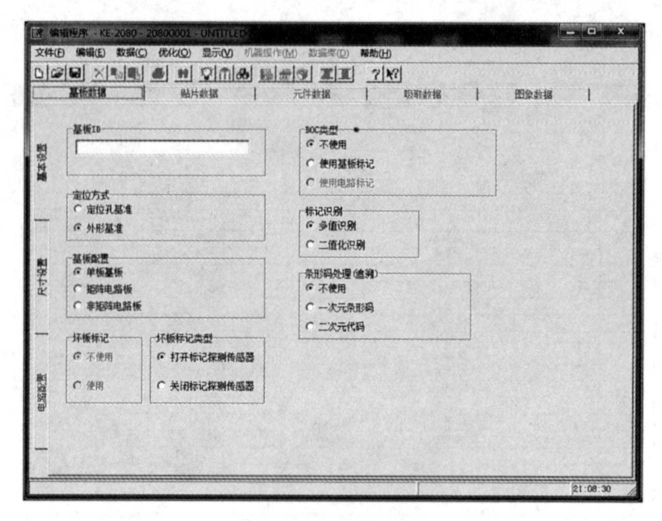


图 4.27　编辑程序

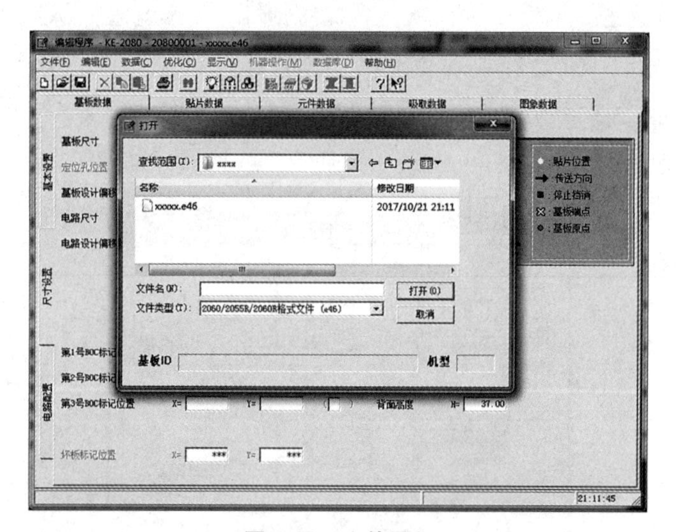


图 4.28　文件导入

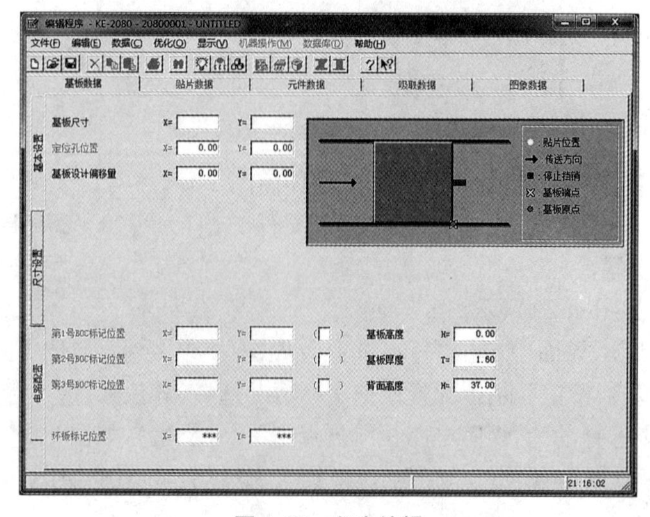


图 4.29　程序编辑

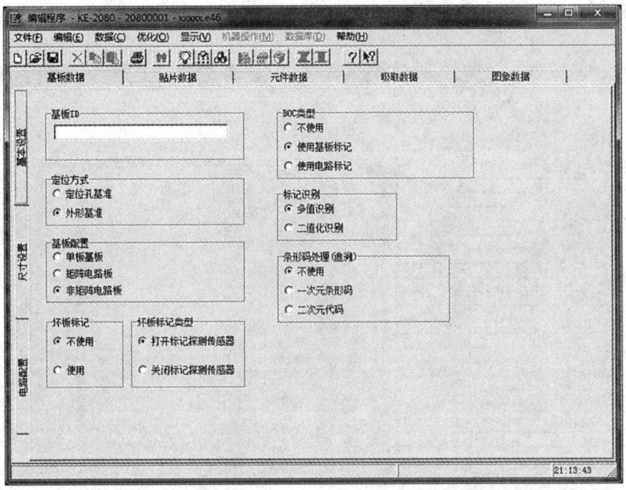

编辑程序 - KE-2080 - 20800001 - xxxxx.e46
文件(F) 编辑(E) 数据(C) 优化(O) 显示(V) 机器操作(M) 数据库(D) 帮助(H)
基板数据 贴片数据 元件数据 吸取数据 图象数据
基本设置
尺寸设置
电路配置
基板ID
定位方式
定位孔基准
外形基准
基板配置
单独基板
矩阵电路板
非矩阵电路板
坏板标记
不使用
使用
坏板标记类型
打开标记探测传感器
关闭标记探测传感器
BOC类型
不使用
使用基板标记
使用电路标记
标记识别
多值识别
二值化识别
条形码处理
不使用
一次元条形码
二次元代码
21:13:43

图 4.30　基本设置

编辑程序 - KE-2080 - 20800001 - xxxxx.e46
文件(F) 编辑(E) 数据(C) 优化(O) 显示(V) 机器操作(M) 数据库(D) 帮助(H)
基板数据 贴片数据 元件数据 吸取数据 图象数据
基本设置
尺寸设置
电路配置
基板尺寸 X= 158.00 Y= 148.00
定位孔位置 X= 0.00 Y= 0.00
基板设计偏移量 X= 158.00 Y= -5.00
电路尺寸 X= 79.00 Y= 69.00
电路设计偏移量 X= 0.00 Y= 0.00
贴片位置
传送方向
停止挡销
基板端点
基板原点
第1号BOC标记位置 X= 5.00 Y= 139.50
第2号BOC标记位置 X= 153.00 Y= -1.50
第3号BOC标记位置 X= Y=
基板高度 H= 0.00
基板厚度 T= 1.60
背面高度 H= 37.00
坏板标记位置 X= *** Y= ***
输入范围 50.00 - 410.00
21:12:57

图 4.31　尺寸设置

编辑程序 - KE-2080 - 20800001 - xxxxx.e48
文件(F) 编辑(E) 数据(C) 优化(O) 显示(V) 机器操作(M) 数据库(D) 帮助(H)
基板数据 贴片数据 元件数据 吸取数据 图象数据
列表
基准标記
区域坏板标记
编号 元件ID 贴片位置 贴片位置 贴片角度 元件名称 Head 标记 忽略 试打 层 区域坏
1 U15 12.40 30.52 180.00 BCP54 自动选择 否 否 否 层4 否
2 C1 53.25 16.59 0.00 C0603 22P 自动选择 否 否 否 层4 否
3 C10 46.31 25.70 0.00 C0603 104 自动选择 否 否 否 层4 否
4 C11 52.25 57.51 90.00 C0603 104 自动选择 否 否 否 层4 否
5 C12 23.27 60.39 90.00 C0603 104 自动选择 否 否 否 层4 否
6 C13 62.26 24.67 270.00 C0603 104 自动选择 否 否 否 层4 否
7 C14 13.71 3.69 0.00 C0603 104 自动选择 否 否 否 层4 否
8 C15 5.62 50.74 180.00 C0603 104 自动选择 否 否 否 层4 否
9 C16 11.78 43.34 0.00 C0603 104 自动选择 否 否 否 层4 否
10 C17 71.15 17.98 180.00 C0603 104 自动选择 否 否 否 层4 否
11 C18 31.01 50.33 270.00 C0603 104 自动选择 否 否 否 层4 否
12 C2 59.92 16.59 180.00 C0603 22P 自动选择 否 否 否 层4 否
13 C20 37.80 15.90 180.00 C1206 105 自动选择 否 否 否 层4 否
14 C22 23.67 15.90 180.00 C1206 105 自动选择 否 否 否 层4 否
15 C24 36.21 45.77 0.00 C1206 105 自动选择 否 否 否 层4 否
16 C3 35.28 36.71 270.00 C0603 104 自动选择 否 否 否 层4 否
17 C4 41.71 25.65 0.00 C0603 104 自动选择 否 否 否 层4 否
18 C5 23.70 21.39 0.00 C0603 104 自动选择 否 否 否 层4 否
19 C6 45.17 33.38 90.00 C0603 104 自动选择 否 否 否 层4 否
20 C7 34.37 21.38 0.00 C0603 104 自动选择 否 否 否 层4 否
21 C9 75.43 33.47 270.00 C0603 104 自动选择 否 否 否 层4 否
22 D1 12.75 11.36 180.00 1N4148 自动选择 否 否 否 层4 否
23 D2 12.68 16.43 0.00 1N4148 自动选择 否 否 否 层4 否
24 R1 25.93 34.45 0.00 R0603 2.2K 自动选择 否 否 否 层4 否
1 / 55
21:20:02

图 4.32　贴片数据

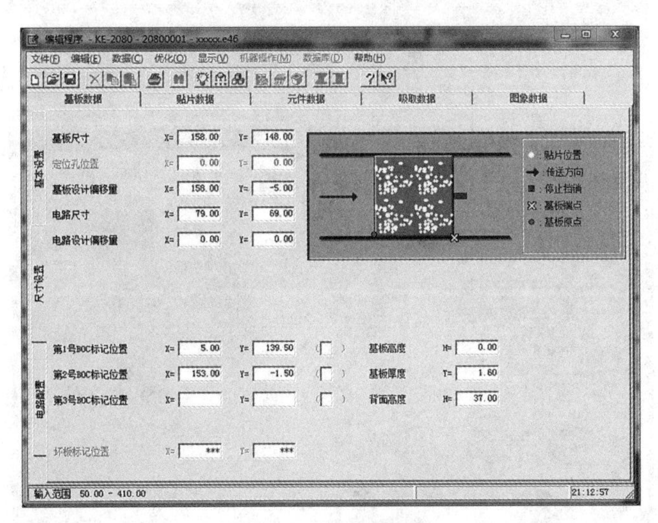

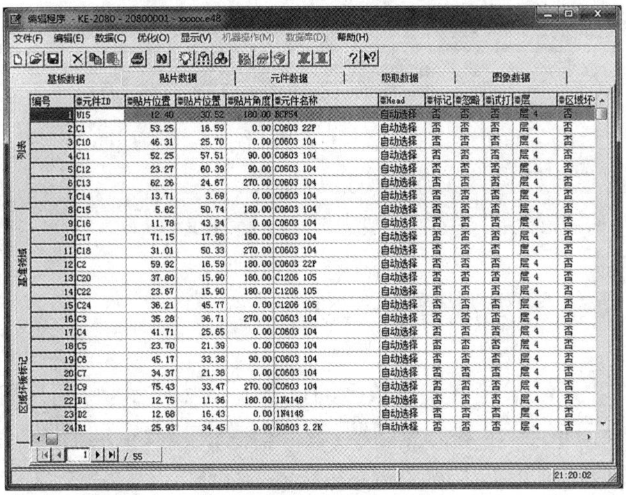

⑧ 在图 4.33 中单击“元件数据”LCD-6，双击弹出如图 4.34 所示的界面。

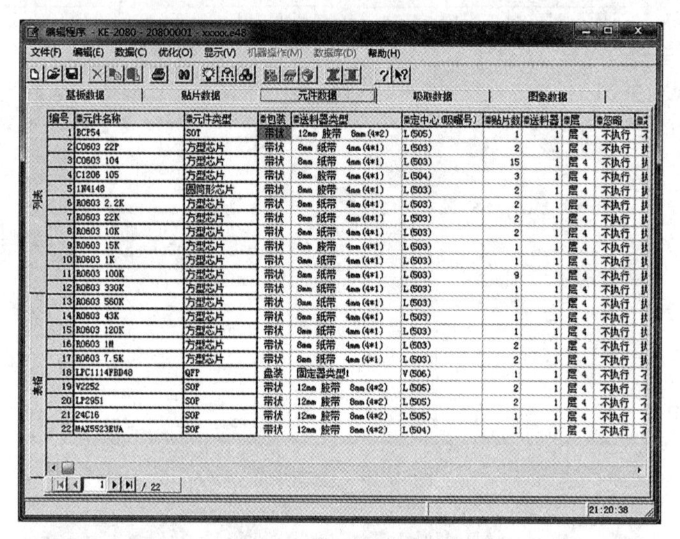


图 4.33　元件数据

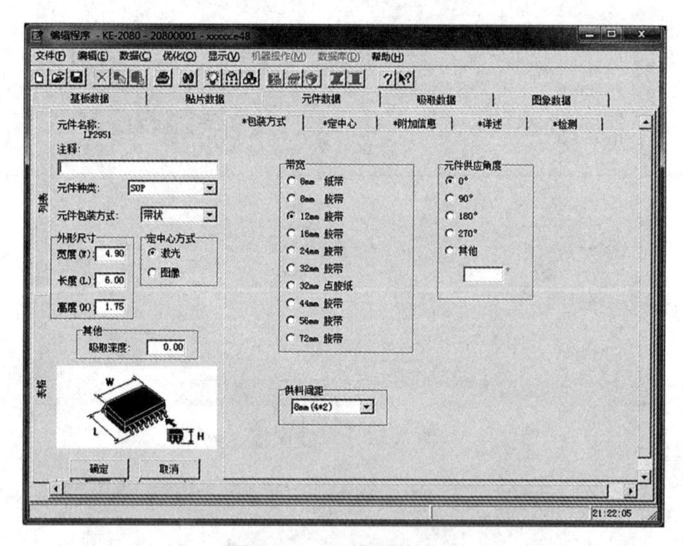


图 4.34　元件包装方式

⑨ 在图 4.34 所示的界面中，选择元件种类及元件包装方式，长、宽、高、带宽、供料间距以及元件供应角度根据电路设计实际情况进行设置。

⑩ 点击“文件”→“另存为”，保存类型为“2060 格式文件(e48)”。

## 4.4.2　贴片机常见故障及解决

贴片机是 SMT 生产线最经常发生故障的设备。贴片质量，特别是高速 SMT 生产线贴片机的质量水平十分关键，若出现一点问题，就会产生极其严重的后果。贴片过程中主要的问题、原因分析及相应的对策如表 4.2 所示。

**表 4.2　贴片过程中主要的问题、原因分析及相应的对策**

| 问　　题 | 原因分析及相应的对策 |
| --- | --- |
| 贴装时有料带浮起 | • 料带是否有散落或断落在感应区域<br>• 检查机器内部有无其他异物并排除<br>• 检查料带浮起感应器是否正常工作 |
| 贴装时元件掉落 | • 检查吸嘴是否堵塞或表面不平而造成元件脱落,若是则更换吸嘴<br>• 检查元件有无残缺或不符合标准<br>• 检查 Supportpin 高度是否一致而造成 PCB 弯曲顶起,若是则重新设置<br>• 检查程序设定元件的厚度是否正确,有问题则按照正常规定值来设定<br>• 检查有无元件或其他异物残留于传送带或基板上而造成 PCB 不水平<br>• 检查锡膏的黏度变化情况,若锡膏黏度不足,则元件在 PCB 的传输过程中掉落<br>• 检查贴片高度是否合理,如果太低会导致贴装压力过大,致使元件弹飞<br>• 检查机器贴装元件所需的真空破坏力是否在允许范围内,若不是则需要逐一检查各段气路的通畅情况 |
| 贴装时元件整体偏移 | • 检查是否按照正确的 PCB 流向放置 PCB<br>• 检查 PCB 版本是否与程序设定一致 |
| PCB 在传输过程中进板不到位 | • 检查是否因传送带有油污而导致<br>• 检查 Board 处是否有异物影响停板装置的正常动作<br>• 检查 PCB 板边是否有脏物,是否符合标准 |
| Air Pressure Drop | 检查各供气管路,检查气压监测感应器是否正常工作 |
| Bad Nozzle Detect | 检查机器提示的 Nozzle 是否出现堵塞、弯曲变形、残缺折断等问题 |
| 在元件吸取或贴装过程中吸嘴 $Z$ 轴错误 | • 查看送料机的取料位置是否有料或是散乱<br>• 检查机器吸取高度的设置是否得当<br>• 检查元件的厚度参数设定是否合理 |
| 抛料 | — |
| 吸取不良 | • 检查吸嘴是否堵塞或表面不平,造成吸取时压力不足或者造成偏移而在移动过程中掉落。通过更换吸嘴可解决<br>• 检查送料机的进料位置是否正确,通过调整使元件在吸取的中心点上<br>• 检查程序中设定的元件厚度是否正确,参考标准数据值来设定<br>• 检查元件取料高度是否合理,参考标准数据值来设定<br>• 检查送料机的卷料带是否正常卷取塑料袋,太紧或太松都会造成对物料的吸取不良 |
| 识别不良 | • 检查吸嘴的表面是否堵塞或不平而造成元件识别有误差,更换、清洁吸嘴<br>• 若带有真空检测则检查所选用的吸嘴是否能满足需要达到的真空值,一般真空检测选用带有橡胶圈的吸嘴<br>• 检查吸嘴的反光面是否脏污或有划伤而造成识别不良,更换或清洁吸嘴<br>• 检查元件识别相机的玻璃盖和镜头是否有元件散落或灰尘而影响识别精度<br>• 检查元件参考值的设定是否得当,选取的标准或最接近该元件的参考值 |

# 第5章　SMT焊接技术

## 5.1　回　流　焊

### 5.1.1　回流焊原理及分类

**1. 热板式回流焊**

热板式回流焊以热传导为原理，即利用热能从物体的高温区向低温区传递，将加热板产生的热量透过薄薄的聚四氟乙烯传送带传给基板上的元器件与焊料，实现加热焊接。这种回流焊早期用在厚膜电路的焊接上（基板为导热性能良好的陶瓷板），随后也用在单面PCB的初级SMT产品的焊接上。其优点是结构简单，操作方便；缺点是热效率低，温度不均匀，PCB稍厚就无法适应，故很快被其他方法取代。

**2. 红外回流焊**

红外回流焊是基于热能中通常有80%的能量是以电磁波的形式（红外）向外发射的原理设计的。

（1）IR的热源

常见红外线按其波长可分为如下类型：

① 波长为0.72～1.5 μm的接近可见光的“近红外线”（Near IR）。

② 波长为1.5～5.6 μm的“中红外线”（Middle IR）。

③ 热能较低、波长为5.6～100 μm的“远红外线”（Far IR）。

日光灯式长管状的钨丝灯管属Near IR，其直晒热量很大，容易出现遮光而热量不足的情形；镍铬丝（Nichrome）的灯管属Near IR或Middle IR；将电阻发热体埋在硅质可传热的平板体积中，属Middle/Far IR的形式，除了正面可将热量传向待焊件外，其背面亦可发出热量并针对工作物反射热能，故又称为“二次发射”（Seconding Emitter），这使各种受热表面的热量更为均匀。

（2）红外线焊接的优缺点

其优点是发热效率高、设备维修成本低等；缺点是在高低不同的零件中会产生遮光及色差的不良效应，并常会导致待焊件过热而变色、变质。

**3. 气相回流焊**

气相回流焊又称气相焊（Vapor Phase Soldering，VPS），加热FC-70氟氯烷系溶剂，沸腾产生饱和蒸汽，炉子上方与左右都有冷凝管，将蒸汽限制在炉膛内；遇到温度低的待焊PCB组件时放出汽化潜热，使焊锡膏熔融后焊接元器件与焊盘。美国最初将其用于厚膜集成电路的焊接。

气相潜热释放对 SMA 的物理结构和几何形状不敏感，可使组件均匀加热到焊接温度，焊接温度保持一定，无须采用温控手段来满足不同温度焊接的需要；VPS 的气相场中是饱和蒸汽，含氧量低，热转化率高，但溶剂成本高，又是典型的臭氧层损耗物质，因此应用上受到极大的限制。

**4. 热风式回流焊**

热风式回流焊通过热风的层流运动传递热能，利用加热器与风扇，使炉内空气不断升温并循环，待焊件在炉内受到炽热气体的加热，从而实现焊接，如图 5.1 所示。

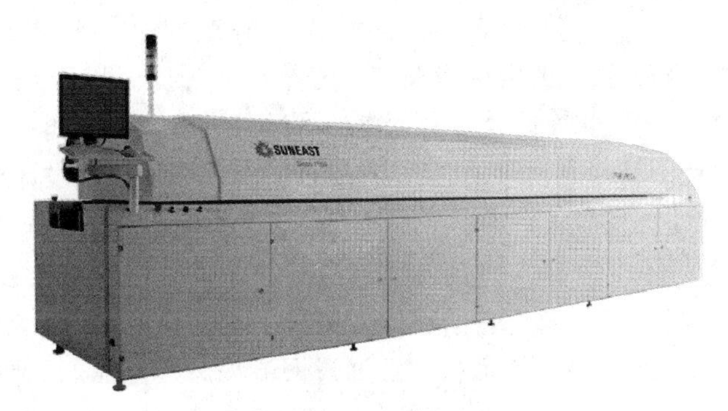


**图 5.1　热风式回流焊**

热风式回流焊具有加热均匀、温度稳定的特点。20 世纪 90 年代，随着 SMT 应用的不断扩大与元器件的进一步小型化，设备开发制造商纷纷改进加热器的分布、空气的循环流向并增加温区至八个或十个，使之能进一步精确控制炉膛各部位的温度分布，更便于温度曲线的理想调节。目前，全热风强制对流的回流焊炉已被不断改进与完善，成为 SMT 焊接的主流设备。

**5. 红外热风回流焊**

红外热风回流焊是一种将热风对流和远红外加热组合在一起的加热方式，有效地结合了红外回流焊和强制对流热风回流焊的长处，是目前较为理想的加热方式。它充分利用了红外线辐射穿透力强的特点，热效率高，节电，同时又有效地克服了红外回流焊的温差和遮蔽效应，弥补了热风回流焊对气体流速要求过快而造成的影响。

由于红外线在高低不同的零件中会产生遮光及色差的不良效应，故还可吹入热风以调和色差及辅助其死角处的不足，所吹热风中又以热氮气最为理想。对流传热的快慢取决于风速，但过大的风速会造成元件移位并助长焊点的氧化，风速控制在 1.0～1.8 m/s 为宜。热风的产生有两种形式：轴向风扇产生（易形成层流，其运动造成各温区分界不清）和切向风扇产生（风扇安装在加热器外侧，产生面板涡流而使各个温区可精确控制）。

**6. PCB 局部加热回流焊**

PCB 局部加热回流焊可分为激光回流焊、聚焦红外回流焊、光束回流焊。局部加热的回流焊设备主要利用高能量进行瞬时微细焊接。由于把热量集中在焊接部位进行局部加热，对器件本身、PCB 和相邻器件影响很小，故此方式常用于对热敏感性强的器件的焊接。此类设备造价较昂贵，焊接效率较低，但因其易形成高质量的焊点，所以常用于军事和空间电子设备中电路器件的焊接。

## 5.1.2　回流焊发展趋势

回流焊接设备正向着高效、多功能和智能化方向发展。

**1. 充氮回流焊**

在回流焊中使用惰性气体保护，已得到较大范围的应用，由于价格的因素，一般选择氮气保护。

① 优点：防止、减少氧化；提高焊接润湿力，加快润湿速度；减少锡球的产生，避免桥接，得到较好的焊接质量；可使用更低活性的助焊剂锡膏，同时也能提高焊点的性能，减少基材的变色。

② 缺点：成本明显增加，增加的成本随氮气的用量而增加。

目前所使用的大多数炉子都是强制热风循环型的，在这种炉子中控制氮气的消耗不是容易的事。有几种方法可减少氮气的消耗量及炉子进出口的开口面积，其中很重要的一种方式就是用隔板、卷帘或类似的装置来阻挡没有用到的那部分进出口的空间；另外一种方式是利用热的氮气层比空气轻且不易与之混合的原理，在设计的时候将加热腔设计成比进出口都高，这样使加热腔内形成自然氮气层，从而减少了氮气的补偿量并维持在要求的纯度上。

**2. 双面回流焊**

目前双面 PCB 已经相当普及。它给设计者提供了极为良好的弹性空间，从而可设计出更为小巧、紧凑的低成本的产品。双面板一般通过回流焊焊接上面（元件面），然后通过波峰焊焊接下面（引脚面）。目前的一个趋势倾向于双面回流焊，但是这个工艺制程仍存在一些问题：大板的底部元件可能会在第二次回流焊过程中掉落，或者底部焊接点的部分熔融而造成焊点不可靠等。

已经有几种方法来实现双面回流焊，如下所述。

① 用胶粘住第一面元件，当它被翻过来第二次进入回焊时，元件就会固定在位置上而不会掉落。这个方法很常用，但需要额外的设备和操作步骤，同时也增加了成本。

② 应用不同熔点的焊锡合金，在做第一面时用较高熔点的合金，而在做第二面时用低熔点的合金。这种方法存在的问题是，低熔点合金的选择可能受到最终产品的工作温度的限制，而高熔点的合金则势必要提高回流焊的温度，于是会对元件与 PCB 本身造成损伤。对于大多数元件，熔接点熔锡表面张力足够抓住底部元件而形成高可靠性的焊点，元件质量与引脚面积之比是用来衡量是否能进行这种成功焊接的一个标准，通常使用 30 g/1n2 标准。

③ 在炉子底部吹冷风的方法可以维持 PCB 底部的焊点温度在第二次回流焊中低于熔点。但是由于存在上下面温差，造成内应力的产生，从而需要用有效的手段和过程来消除应力，提高可靠性。

此外，应选择元件少和元件质量轻的面作为第一次焊接面。

**3. 通孔回流焊**

通孔回流焊可以去除波峰焊环节，而成为 PCB 混装技术中的一个工艺环节。通孔回流焊一个最大的好处就是，可以在发挥表面贴装制造工艺优点的同时，使用通孔插件来得到较好的机械连接强度。较大尺寸的 PCB 的平整度不能够使所有表面贴装元器件的引脚都能和焊盘接触，同时，就算引脚和焊盘都能接触上，它所提供的机械强度也往往不够大，很容易在产品的使用过程中脱开而成为故障点。

在实际应用中，通孔回流焊仍有几个缺点：锡膏量大，这样会增加助焊剂残留，因而需要一个有效的助焊剂残留清除装置。随着工艺与元件的改进，通孔回流焊也会越来越多地被应用。

**4. 无铅回流焊**

出于对环保的考虑，铅在 21 世纪被严格限用。虽然在电子工业中用铅量极小，占比不到1%，但也属于禁用之列。铅在未来的几年中将会被逐步淘汰，目前已开发出多种替代品，一般都具有比锡铅合金高 40 ℃左右的熔点温度，这就意味着回流焊必须在更高的温度下进行。氮气保护可以部分消除因温度提高而增加的氧化和对 PCB 本身的损伤。

现在所使用的许多炉子被设计成不超出 300 ℃的作业温度。对于无铅焊料或非共熔点焊锡(用于 BGA、双面板等)来讲，通常要求回流区中的温度达到 350～400 ℃，所以炉子的设计必须更改以满足这样的要求，机器中的热敏感部件也必须被修改。

**5. 连续柔性板回流焊**

特殊的炉子已经被开发出来处理贴装有 SMT 元件的连续柔性板。与普通回流炉最大的不同是，这种炉子需要特制的轨道来传递柔性板。对于分离的 PCB 来讲，炉中的流量与前几段工位的状况无依赖关系，但是对于成卷连续的柔性板，它在整条线上是连续的，线上的任何一个特殊问题，如停顿就意味着全线必须停顿，停顿在炉子中的部分会过热损坏，因此这样的装置必须具备应变随机停顿的能力，即继续处理完该段柔性板，并在全线恢复连续到正常工作状态。

**6. 热风式回流焊**

(1) 热风式回流焊的结构

热风式回流焊的结构包括加热系统、传送系统、控制系统及外形结构等。

(2) 热风式回流焊的加热系统

热风式回流焊有至少三个独立控温的加热区段，加热区段即加热温区的多少与加热长度有直接关系，如图 5.2 所示。

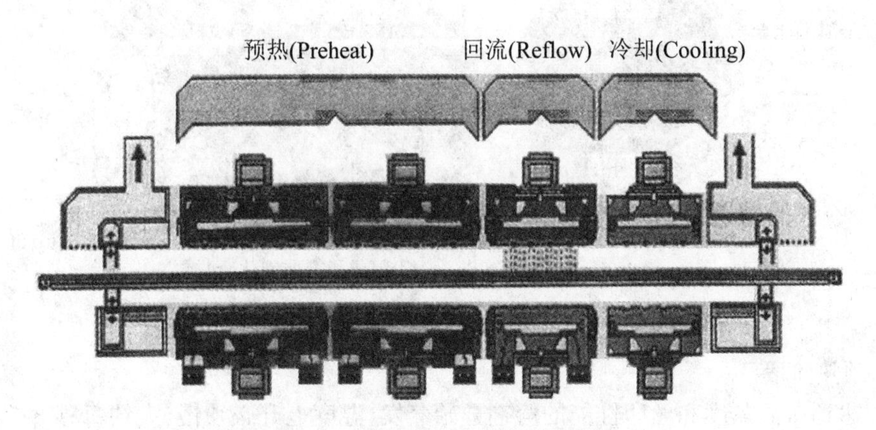


**图 5.2 热风式回流焊的加热系统**

各温区均采用强制独立循环、独立控制、上下加热方式，使炉腔温度准确、均匀，且热容量大、升温迅速(从室温升到工作温度最多 20 min)，如图 5.3 所示。

热风式回流焊炉体上盖采用油压顶升，安全棒支撑，以方便清洁内部，还具有温度超差、PCB 自动跟踪系统(掉板检测)及风机异常报警功能。

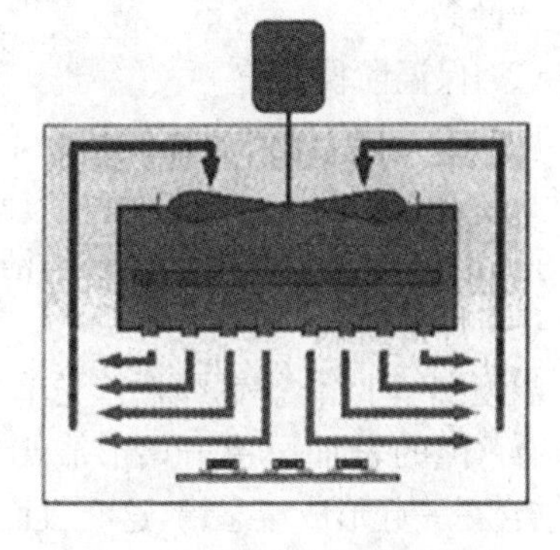

**图 5.3 温区独立循环装置**

## 5.1.3 回流工艺流程

### 5.1.3.1 工艺流程

**1. 润湿**

在焊接过程中，将熔融的焊料在被焊金属表面形成均匀、平滑、连续且附着牢固的合金的过程，称为焊料在母材表面的润湿；将由于清洁的熔融焊料与被焊金属之间接触而导致润湿的原子之间相互吸引的力称为润湿力。

熔化的焊料要润湿固体金属表面必须具备以下两个条件：

① 液态焊料与母材之间应能互相溶解，即两种原子之间有良好的亲和力。

② 焊料和母材表面必须“清洁”。这是指焊料与母材的表面都没有氧化层，更不会有污染。母材金属表面氧化物的存在将会严重影响液态焊料对基体金属表面的润湿性。

**2. 焊点持久的机械连接**

焊点持久的机械连接只能在焊锡加热到熔点以上大约 30 ℃，且在元件引脚与电路板焊盘之间产生了金属间化合物时才能完成。

**3. 锡膏回流的四个阶段**

BGA/CSP 元件回流焊过程如图 5.4 所示。

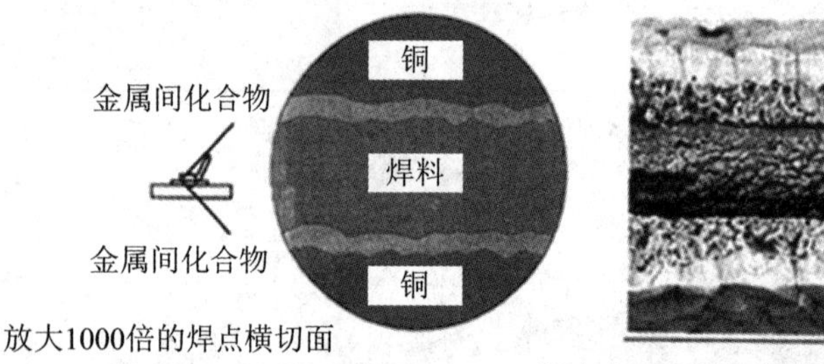


焊点金属间化合物层断面的扫描电子显微图像。$Cu_3Sn$(ε-相)及$Cu_6Sn_5$(η-相)组成了金属间化合物层

**图 5.4 锡膏回流**

(1) 预热阶段

用于达到所需黏度和丝印性能的溶剂开始蒸发，温度上升必须慢(大约每秒 3 ℃)，以限制沸腾和防止形成小锡珠，还有一些元件对内部应力比较敏感，如果元件外部温度上升太快会造成断裂。

(2) 保温阶段

助焊剂活跃，化学清洗行动开始(水溶性助焊剂和免洗型助焊剂都会发生同样的清洗行动，只不过温度稍微不同)，即将金属氧化物和某些污染从即将结合的金属和焊锡颗粒上清除(好的冶金学上的锡焊点要求清洁的表面)。

(3) 焊接阶段

温度继续上升，焊锡颗粒首先单独熔化，并开始液化和表面吸锡的“灯草”过程，这样覆盖在所有可能的表面上，并开始形成锡焊点。这个阶段最为重要，当单个的焊锡颗粒全部熔化后，结合在一起形成液态锡，这时表面张力作用开始，形成焊脚表面，如果元件引脚与 PCB 焊盘的间隙超过 0.10 mm(4 mil)，则极可能由于表面张力而使引脚和焊盘分开，即造成锡点开路。

(4) 冷却阶段

如果冷却快，则锡点强度会稍微大一点，但不可以太快，否则会引起元件内部的温度应力。

**4. 影响焊接性能的各种因素**

锡焊的可靠性取决于被焊金属润湿和扩散的能力，焊接过程的可靠性可用完成这两个过程的情况来判断。影响锡焊质量的因素如下：

① 焊接工艺的设计包括元件及PCB焊盘的可焊性。

② 焊接条件包括焊接温度与时间、预热条件、加热、冷却速度、焊接加热的方式等。

③ 焊接材料包括焊剂、焊料、焊锡膏。

### 5.1.3.2 回流焊的特点

与波峰焊技术相比，回流焊有以下特点：

① 不像波峰焊那样把元器件浸渍在熔融的焊料中，所以元器件受到的热冲击小。

② 能控制焊料的施加量，避免了虚焊、桥接等缺陷，因此焊接质量好、可靠性高。

③ 有自定位效应(Self Alignment)。当元器件贴放位置有一定偏离时，由于熔融焊料表面张力的作用，当全部焊端或引脚与相应焊盘同时被润湿时，元器件能在表面张力的作用下自动拉回到近似的目标位置。

④ 焊接中一般不会混入不纯物。当使用焊锡膏时，能正确地保证焊料的组分。

### 5.1.3.3 热风式回流焊设备参数

热风式回流焊设备参数通常包括设备的加热方式、可焊印刷板的适用范围、传送形式、设备的温度特性、控制系统和外形结构等，设备的可靠性及辅助功能的配置也是不可忽略的因素，各因素的相关关系如图5.5所示。

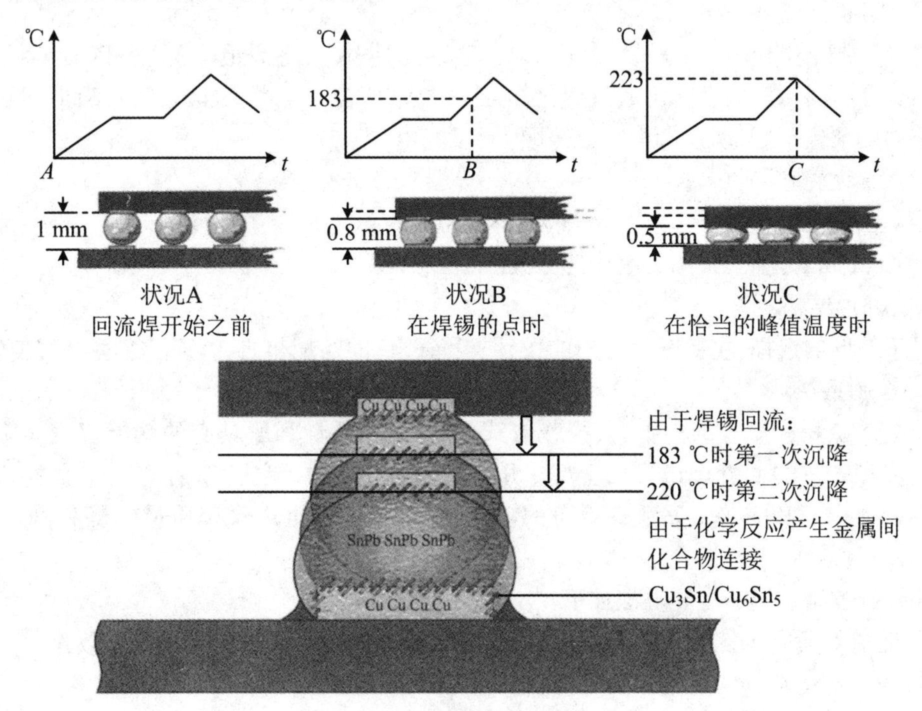


**图5.5 各因素的相关关系**

**1. 加热系统**

(1) 温区

回流焊设备应具有至少三个独立控温的加热区段。加热区段越多,工艺参数的调节越灵活。加热区段的多少直接与加热长度有关。加热长度是根据所焊印制板的规格、设备负载因子的大小、生产效率的高低及产品工艺性的要求等来确定的。

(2) 温度特性

温度特性是回流焊设备热设计优劣的综合反映,包含三个重要指标,即控温精度、温度不均匀性和温度曲线的重复性。

① 控温精度直接反映回流焊设备温度场的稳定性,其指标范围大多在1~2 ℃或−2~−1 ℃之间。

② 温度不均匀性是表征回流焊设备性能优劣的重要指标,是指炉膛内任一与PCB传送方向垂直的截面上的工作部位处的温度差异,一般用回流焊机可焊最大宽度的裸PCB进行测试,以三测试点焊接峰值温度的最大差值来表示。该指标反映了印制板上的真实温度,直接影响产品的焊接质量,目前市场上较好设备的温度差一般小于2 ℃。

③ 温度曲线的重复性直接影响印制板焊接质量的一致性,应引起高度的重视。一般来说,该指标应不大于2 ℃。

(3) 功率

功率的确定在设计开发时是经过一番计算对比甚至通过实验而得出的。实际上,功率大小不仅仅影响配电负荷,而且对设备的升温速率、产品负载变化的快速响应能力都有极大的影响。不同制造厂家对设备最大产品负载因子的定值不同,一般为0.5~0.9。一般来说,设备的升温时间不超过30 min。

**2. 传动系统和外形结构**

(1) 印制板规格

可焊印制板的规格和种类直接影响产品的使用。设备最大可焊PCB宽度已达600 mm,且不同规格的设备已成系列化,因此选择余地较大。由于印制板的不同,对设备传动系统的要求也不同,所以考虑时要兼顾。

(2) 传动系统

传动系统主要包括传送方式、传送的方向及调速范围。传送速度的调速范围一般都在0.1~1.2 m/min之间,采用无级调速方式。

(3) 外形结构

对于外形的选择,主要考虑厂房的设计、设备颜色的匹配与协调,以及造型是否美观等。

**3. 控制系统**

控制系统是回流焊的中枢,其操作方式、操作的灵活性和所具有的功能都直接影响设备的使用。先进的回流焊设备已全部采用计算机或PLC控制方式,计算机丰富的软硬件资源极大地丰富和完善了回流焊设备的功能,有效保证了生产管理质量的提高,如图5.6所示。

计算机控制系统的主要功能如下:

① 完成对所有可控温区的温度控制,可实时修改PID参数等内部控制参数。

② 完成传送部分的速度检测与控制,实现无级调速。

③ 实现PCB在线温度测试,并可存储、调用和打印。

④ 可实时置数和修改、设定参数,并可存储、打印。

⑤ 显示设备的工作状态,具有方便的人机对话功能。

⑥ 具有自诊断系统和声光报警系统。

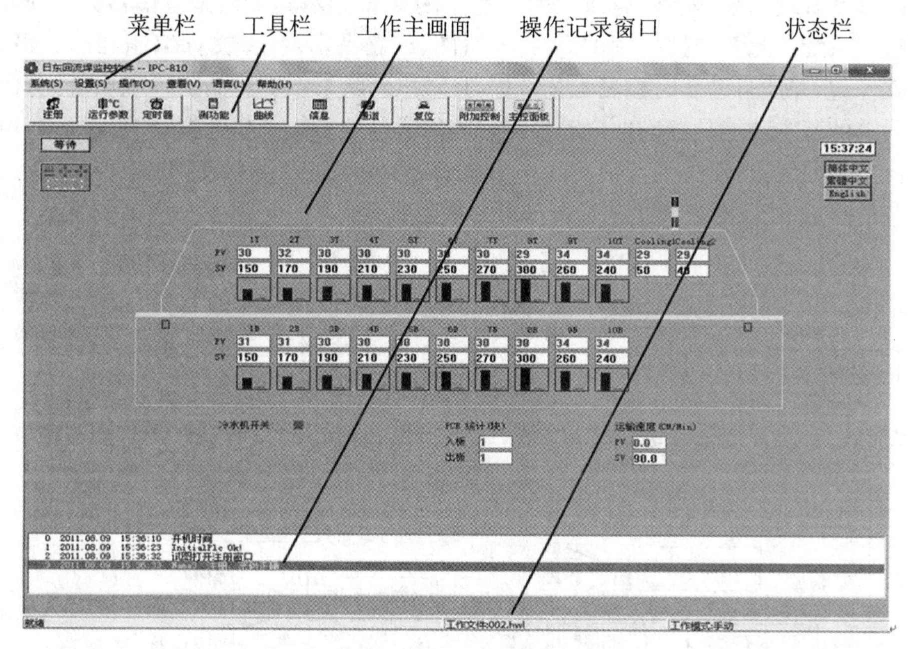


**图 5.6　日东 IPC 计算机控制系统界面**

**4. 供氮系统**

采用免清洗工艺时,供氮系统是必不可少的,目前先进的回流焊设备都具有空气/氮气两种工作方式。在氮气工作方式下,设备含氧量和耗氮量是两个重要指标。其中,含氧量指标应小于 100 ppm。耗氮量直接影响生产成本,选购时应注意设备处理进出口尺寸的措施和调整对流水平的手段。

**5. 辅助**

辅助功能是指设备除正常配置外的辅助手段,包括设备的维护功能及扩展功能。当前,大多数回流焊设备都配置了故障诊断系统、加热体的提升系统和停电后的应急系统。由于控制系统的迥异,控制方式也千变万化。目前,较好的回流焊设备对传送系统还配置了自动润滑机构和松香回收管理系统,如图 5.7 所示。

设备的扩展功能反映了设备的适应性和灵活性。为进一步提高生产效率,一些设备生产厂家在传动系统中已开始使用双路输送机构,同时为满足远程控制的要求,增加了远程通信的功能。

### 5.1.3.4　过程控制

智能化回流炉内置计算机控制系统,在 Windows 视窗操作环境下可很方便地输入各种数据,又可迅速地从内存中取出或更换回流焊工艺曲线,节省调整时间,提高生产效率。

过程控制的目的是实现所要求的质量和尽可能低的成本这两个目标。以前,过程控制主要集中于对缺陷的检测,以此来提高质量;而现在,控制的最根本的内涵是对各种工艺进行连续的监控,并寻找出不符合要求的偏差。过程控制是一种获得影响最终结果的特定操作中相关数据的能力，一旦潜在的问题出现，就可实时地接收相关信息，采取纠正措施，并立即将工艺调整到最佳状况。监控实际工艺过程数据，才算是真正的工艺过程控制，这在回流焊工艺控制中，也就意味着要对制造的每块板子的热曲线进行监控。一种能够连续监控回流焊炉的自动管理系统，能够在实际发生工艺偏移之前指示其工艺是否偏移失控，此即自动回流焊管理系统。此系统把连续的 SPC 方块图、线路平衡网络、文件编制和产品跟踪组成完整的软件包，并能自动实时检测工艺数据，且做出判断来影响产品成本和质量。自动回流焊管理系统的基本功能是精确地自动检测和收集通过炉子的产品数据，它提供下列功能：不需要验证工艺曲线；自动搜集回流焊工艺数据；对零缺陷生产提供实时反馈和报警；提供回流焊工艺的自动 SPC 图表和工艺性能(CPK)变量报警。

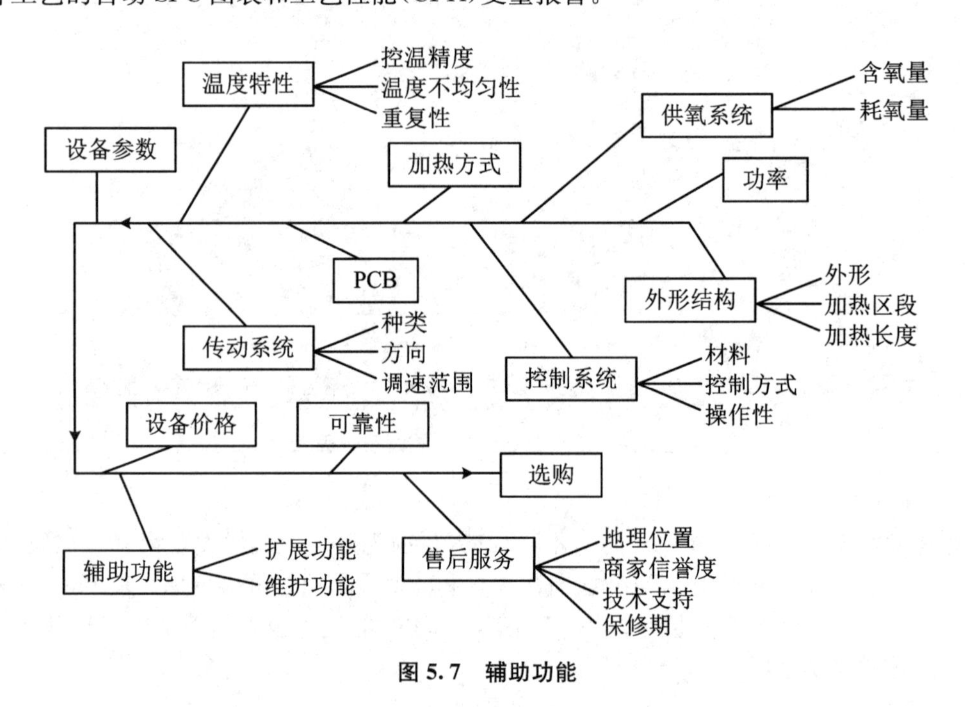


**图 5.7 辅助功能**

### 5.1.3.5 温度曲线仿真优化技术

使用计算机技术对回流焊焊接工艺进行仿真的方法得到了广泛的关注，此方法可以大大缩短工艺准备时间，降低实验费用，提高焊接质量，减少焊接缺陷。

通过使用 PCB，CAD 数据的产品模型结构建立的回流焊工艺仿真模型，可以替代传统的在线参数的设置过程，甚至可以用来在生产前确保 PCB 设计与回流焊工艺的兼容性，指导可制造性设计(DFM)。该仿真模型也可以消除使用热电偶测试时无法覆盖全部产品区域的缺陷。通过建立的 PCB 组件模型求解器和构建的回流焊炉模型，对于特定的工艺设置，可以较精确地预测 PCB 组件的回流焊温度曲线。使用该方法在 PCB 设计阶段来进行新产品的工艺优化，可以很简便地确保产品设计与工艺设备的相容性。

### 5.1.3.6 AART 工艺

近年来，替代组装回流技术(Altemative Assembly and Reflow Technology，AART)工艺引起了 PCB 组装业的兴趣。AART 工艺可以同时进行通孔元件和表面贴装元件的回流焊，省去了波峰焊和手工焊。相比传统的工艺，AART 工艺有更少的成本、更短的周期和更低的缺陷率。通过 AART 工艺，可以建立复杂的 PCB 组装工艺。AART 必须考虑材料、设计和影响它的工艺因素。一个决策系统(Decision Support System，DSS)可以帮助工程师实施 AART 工艺。

### 5.1.4 回流温度曲线和焊接工艺设置

回流温度曲线主要是依据焊料特性来决定的，现行焊料主要有有铅焊料和无铅焊料，有铅焊料因为有铅污染问题，逐步退出焊接市场，而有铅焊料具有一些独特的优势，比如熔化温度较低，焊接润湿好等。而无铅焊料融化温度较高，对半导体元件要求能够耐高温，从污染角度来看，无铅焊料是趋势。

#### 5.1.4.1 温区分布及各温区功能

温度曲线(Profile)，是指通过回焊炉时，PCB 上某一焊点的温度随时间变化的曲线。一个典型的温度曲线分为预热区、保温区、回流区及冷却区。

**1. 预热区**

预热区(Preheat)的目的是使 PCB 和元器件预热，以达到平衡，同时除去焊锡膏中的水分、溶剂，以防焊锡膏发生塌落和焊料飞溅。升温速率要控制在适当范围内，过快时会产生热冲击，如引起多层陶瓷电容器开裂，造成焊料飞溅，使整个 PCB 的非焊接区域形成焊料球和焊料不足的焊点；过慢时会使助焊剂(Flux)活性不作用。一般规定，最大升温速率为 4 ℃/s，上升速率设定为 1～3 ℃/s，ECS 的标准为低于 3 ℃/s。

预热可使板面温度达 150 ℃，而助焊剂在 120 ℃中 90～150 s 内，即可发挥活性去除锈渍，并能防止其再次生锈。板材的温度愈高愈好，但超过 120 ℃以上的塑料材料，不但会呈现软化而大大伤害尺度安定性，且在各方向($X$、$Y$、$Z$)的膨胀加剧下，THT 容易断孔。

**2. 保温区**

保温区(Soaking)是指从 120 ℃升温至 160 ℃的区域。保温的主要目的是使 PCB 上各元件的温度趋于均匀，尽量减少温差，保证在达到回流温度之前焊料能完全干燥，到保温区结束时，焊盘、锡膏球及元件引脚上的氧化物应被去除，整个电路板的温度达到均衡。保温时间为 60～120 s，具体时间根据焊料的性质有所差异；ECS 的标准为 140～170 ℃，最长保温时间为 120 s。

**3. 回流区**

这一区域里的加热器的温度设置得最高，焊接峰值温度因所用锡膏的不同而不同，一般推荐的锡膏的熔点温度为 20～40 ℃。此时焊锡膏中的焊料开始熔化，再次呈流动状态，替代液态焊剂润湿焊盘和元器件。有时也将该区域分为两个区，即熔融区和回流区(Reflow)。理想的回流温度曲线是，过焊锡熔点的"尖端区"覆盖的面积最小且左右对称，一般情况下超过 200 ℃的时间范围为 10～30 s；ECS 的标准为 210～220 ℃(无铅为 220～255 ℃)，超过 200 ℃的时间范围为 37～43 s。

各类表面贴装元器件的回流温度如图 5.8 所示。

**4. 冷却区**

以尽可能快的速度进行冷却(Cooling)，将有助于得到明亮的焊点、饱满的外形和低的接触角度。缓慢冷却会导致PAD的更多分解物进入锡中，产生灰暗、毛糙的焊点，甚至引起沾锡不良和弱焊点结合力。降温速率一般在−4 ℃/s以内，冷却至75 ℃左右即可，一般情况下都要用离子风扇进行强制冷却。

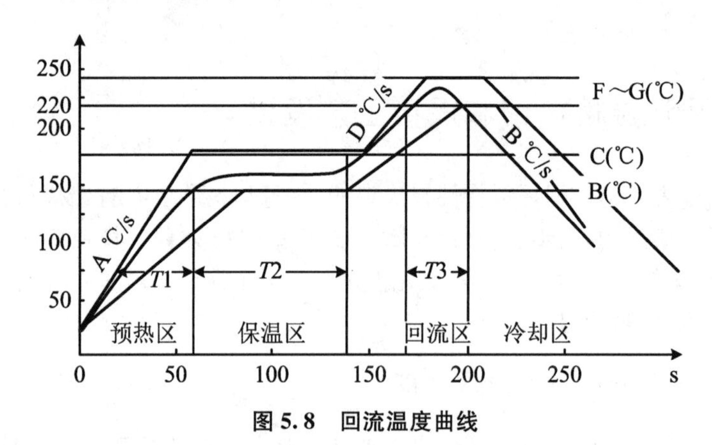


图 5.8　回流温度曲线

### 5.1.4.2　回流温度曲线的设定

在使用表面贴装元器件的印制电路板的装配中，要得到优质的焊点，一条优化的回流温度曲线是最重要的因素之一。温度曲线是施加于电路装配上温度对时间的函数，回流过程中在任何给定的时间上代表PCB上一个特定点的温度形成一条曲线。

**1. 参数设定**

影响温度曲线形状的最关键的参数是传送带速度和每个区的温度设定。

(1) 传送带速度

传送带速度决定PCB暴露在每个区所设定的温度下的持续时间。增加持续时间可以使电路装配接近该区的温度，设定各区所花的持续时间总和决定总共的处理时间。

(2) 每个区的温度设定

每个区的温度设定影响PCB的温度上升速度，高温在PCB与温区的温度之间产生一个较大的温差。增加温区的设定温度，允许PCB更快地达到给定温度。因此必须作出一个图形，来决定PCB的温度曲线。

实际的区间温度不一定就是该区的显示温度，显示温度只是代表区内热敏电偶的温度。如果热电偶靠近加热源，则显示的温度将相对比区间温度较高。如果热电偶越靠近PCB的直接通道，则显示的温度将越能反映区间温度。

**2. 温度曲线仪和热电偶**

在开始作曲线之前需要下列设备和辅助工具：炉温测试仪、热电偶、将热电偶附着于PCB的工具和锡膏参数表。许多回流焊机器包括一个板上测温仪，测温仪一般分为两类：一种是实时测温仪，即实时传送温度/时间数据并作出图形；另一种是炉温测试仪，先采样存储数据，再上传到计算机。

推荐使用K型30AWG的热电偶，热电偶必须长度足够。较小直径的热电偶，响应快，得到的结果精确。有几种方法将热电偶附着于PCB，其中较好的方法是使用高温焊锡(如银/锡合金)。焊点尽量最小，附着的位置也要选择，通常最好是将热电偶尖附着在PCB焊盘和相应的元件引脚或金属端之间，用高温焊锡合金或者电性胶来安装。

热电偶应该安装在那些代表板上最热与最冷的连接点上，如图 5.9 所示。

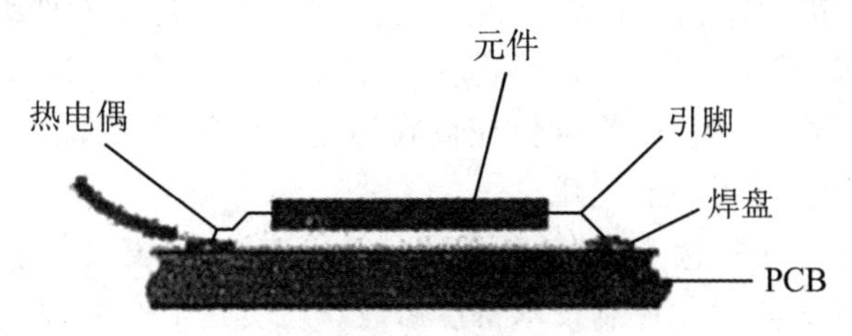


**图 5.9　热电偶在 PCB 安装位置**

最热的元件通常是位于板角或板边附近的低质量的元件，如电阻；最冷的元件可能是在板中心附近的高质量的元件，如 QFP、PLCC 或 BGA。其他的热电偶应该放在热敏感元件和其他高质量元件上，以保证其被足够地加热。

**3. 温度曲线设定**

速度和温度确定后必须输入到炉的控制器，然后看看手册上其他需要调整的参数，这些参数包括冷却风扇速度、强制空气冲击和惰性气体流量。一旦所有参数输入后，启动机器炉子，待稳定后，就可以开始做曲线。将 PCB 放入传送带，触发测温仪记录数据，一旦最初的温度曲线图产生，可以和锡膏制造商推荐的曲线进行比较。

首先，必须证实从环境温度到回流峰值温度的总时间与所希望的加热曲线居留时间相协调，如果太长，则按比例地增加传送带速度，如果太短则相反。然后，图形曲线的形状必须和所希望的相比较，如果形状不协调，则与图形进行比较，选择与实际图形形状最相协调的曲线。应该考虑从左到右（流程顺序）的偏差，如果预热区和回流区中存在差异，则应首先将预热区的差异调正确。一般最好每次调一个参数，在做进一步调整之前，运行这个曲线设定，这是因为一个给定区的改变，也将影响随后区的结果。

若使最后的曲线图尽可能地与所希望的图形相吻合，应该把炉子的参数记录或存储以备后用。虽然这个过程开始时很慢和费力，但最终可以熟练掌握，并得到高品质、高效率的 PCB 生产。

## 5.1.5　回流焊焊接缺陷分析处理

上述 4 个回流焊温区都有其作用，且相关的故障模式也不同。处理这些工艺问题的关键在于对它们的理解，以及如何判断故障模式和工序的关系。

① 预热区。如果设置不当，则造成的故障将可能是气爆、锡引起的焊球、材料受热冲击损坏等。

② 保温区。造成的问题可能是热坍塌、连锡桥接、高残留物、焊球、润湿不良、气孔、立碑等。

③ 回流区。工序设置不当的相关问题可能是润湿不良、吸锡、缩锡、焊球、IMC 形成不良、立碑、过热损坏、冷焊、焦炭、焊端熔解等。

④ 冷却区。可能造成的问题一般较少和较轻。但如果设置不当，也将可能影响焊点的寿命。如果马上进入清洗工艺，则可能造成清洁剂内渗而难以清洗。

必须注意的是，4 个温区是连贯性的，相互间也有关系，所以故障模式并不常是那么容易区分的。例如，“立碑”和“焊球”故障往往必须综合调整才能够完全解决。

常见的工艺问题如下：

① 完全按照锡膏的温度指标设置炉温。锡膏供应商所建议的曲线只做锡膏焊接性方面的考虑，而并不可能知道PCB上的其他要求。所以曲线只能作为参考而非标准，尤其是焊接区的温度和时间部分。另外，锡膏供应商在恒温区的特性要求上也往往不是十分精确的，因此造成了焊接工艺设置不能优化。

② 缺乏“工艺窗口”的概念。在工程项目中，很忌讳缺乏“窗口”“上下限”和“公差”的概念，因为这样将忽略和无法优化控制技术特性参数。在实际工作中，对于每一个工艺特性参数，都必须有上限和下限，也就是有一个明确的“工艺窗口”才好操作。

③ 热冷点的错误判断。有了工艺窗口后，适当的做法是确保PCB上的每一点的温度都在这个窗口范围内。在实际工作中不可能对每一个焊点进行测试，所以回流焊接工艺设置的要点在于如何确认PCB上的最冷点和最热点。当这两点的要求都能够通过工艺调整来满足时，其他的焊点自然就同时得到满足了。

④ 误把四个工序当成单一工序。回流焊接事实上是包括了升温、恒温、焊接和冷却4个工序的一套工艺。如果忽略了这个重要环节，则对于解决工艺问题可能造成混乱或错误。例如：焊球问题的处理，焊球问题在升温、恒温或回流焊接工序处理不当时都可能出现，但成因各异。升温工序造成的焊球问题多是由于气爆而引起的，也多半与材料质量、库存时间和条件及锡膏印刷工艺有关。但如果是恒温工序造成的，则多与温度/时间设置不当或锡膏变质有关。与回流焊接工序相关的焊球问题，则是由于氧化程度偏高及温度/时间设置不当引起的。各情况下出现的焊球表象各不相同，处理方法也不一样，如果没有把它当成不同工序、不同机理来分析，则只可能胡乱调整或盲目尝试了。

⑤ 缺乏温差调制能力。焊接工艺的其中一个挑战，是各焊点之间出现的温差。一些焊接故障，如立碑、偏移、吸锡和桥接等，都与温差有关。温差形成的原因除了热容量的设计外，也与焊接过程中热风的对流情况，以及材料和PCB基板的传热情况有关。由于在炉子上基板的传送只有一个速度，所以工艺调整必须尽量借助于各炉子温区的设置。而上下温区对PCB的加热方式有所不同，上下温区的配合更能够发挥工艺优化的能力。但由于未掌握这种有用的调制技术，所以常见到的都是一成不变的上下温区的同温设置。

⑥ 缺乏技术整合的研究和做法。良好的回流焊接工艺，并非只靠对焊接工艺机理的了解，或对工艺参数的调制就能够保证的。其实工艺调制的能力可能非常有限，因为它受到设备、工艺（可制造性）设计和材料等先决条件的限制。所以要做得好，必须推行技术整合及技术管理整合。缺乏技术整合的现象有：在产品设计时，并没有对焊接需求进行详细的策划评估；企业内也缺乏对新器件进行焊接性认证的工作；设备选购时缺乏采购前的实际测试；设备安装后未对其焊接加热能力进行量化管理，并未制定工艺能力和设计规范等。

**1. 锡球**

锡球现象是表面贴装生产中的主要缺陷之一，如图5.10所示。其直径为0.2～0.4 mm，主要集中出现在片式阻容组件的某一侧面，不仅影响板级产品的外观，更为严重的是在使用过程中它会造成短路现象。因此弄清锡球产生的原因，并对其进行最有效的控制就显得尤为重要了。

(1) 回流焊中锡球形成的机理

回流焊接中出现的锡球，常常藏于矩形片式组件两端之间的侧面或引脚之间。在组件贴装过程中，焊锡膏被置于片式组件的引脚与焊盘之间，随着印制板穿过回流焊炉，焊锡膏熔化变成液体，如果与焊盘和器件引脚等润湿不良，则液态焊锡会因收缩而使焊缝填充不充分，所有焊料颗粒不能聚合成一个焊点。部分液态焊锡会从焊缝流出，形成锡球。因此，焊锡与焊盘和器件引脚润湿性差是导致锡球形成的根本原因。

（2）原因分析与控制方法

锡球产生的原因有多种，如回流焊中的温度或时间、焊锡膏的印刷厚度、焊锡膏的组成成分、模板的制作和外界环境等都会对锡球的形成产生影响。

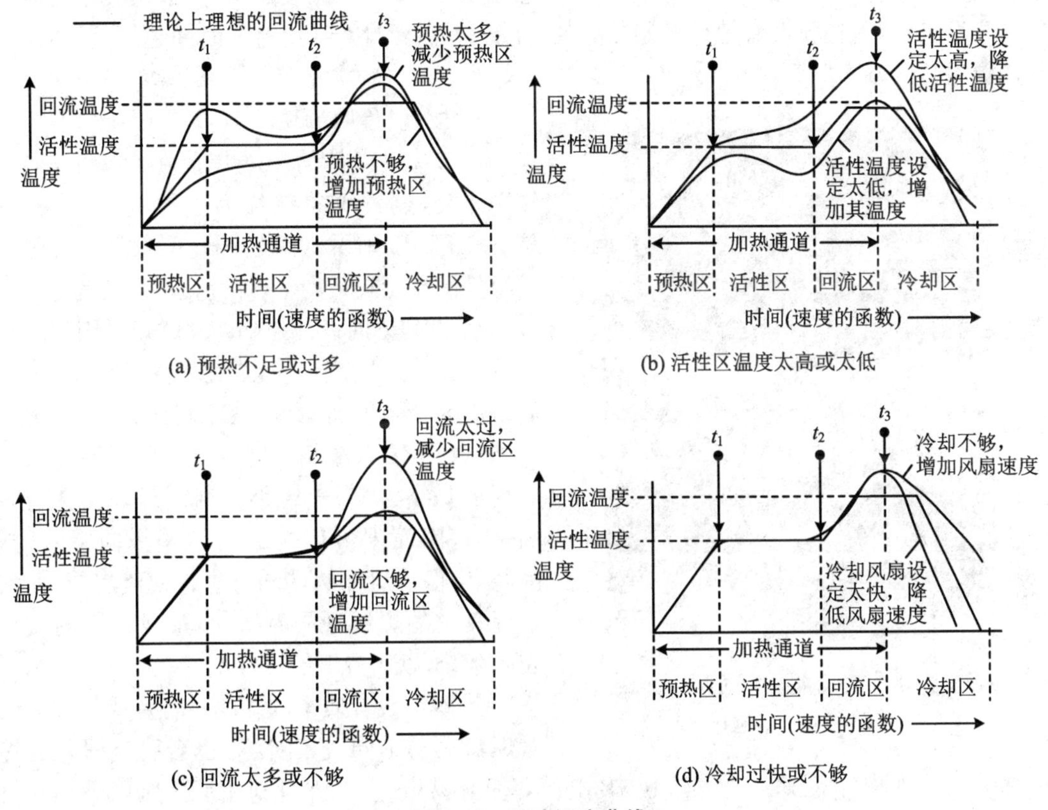


**图 5.10 回流温度曲线**

① 回流温度曲线设置不当。焊锡的回流是温度与时间的函数，如果未达到足够的温度或时间，焊锡就不会回流。若预热区温度上升速度过快，达到回流温度的时间过短，则焊锡膏内部的水分、溶剂未完全挥发出来，到达回流焊温区时，将引起水分、溶剂沸腾，溅出焊锡球。实践证明，将预热区温度的上升速度控制在 1～4 ℃/s 之间是比较理想的。

② 贴片至回流焊的时间过长。焊锡膏中焊料粒子的氧化，以及焊剂变质和活性降低，会导致焊锡膏不回流，则产生焊球。选用工作寿命长一些的焊锡膏（至少 4 h），可减轻这种影响。

③ 模板结构设计不当。如果总在同一位置上出现焊球，则有必要检查金属模板的设计结构。钢板开口尺寸的腐蚀精度达不到要求，焊盘偏大及表面材质较软（如铜模板），容易造成漏印焊锡膏的外形轮廓不清晰、互相桥连，多数出现在细间距器件焊盘漏印时经过回流焊后，造成引脚间大量锡球的产生。因此，应针对焊盘图形的不同形状和中心距，选择适宜的钢板材料制作工艺来保证焊锡膏的印刷质量。

④ 漏印模板清洗不充分。漏印模板清洗不充分会使焊锡膏残留于印制板表面及通孔

中。回流焊之前,被贴放的元器件重新对准、贴放而使漏印焊锡膏变形,也是造成焊球的原因。因此应加强操作者和工艺人员在生产过程中的责任心,严格遵照工艺要求和操作规程进行生产。

⑤ 焊锡膏的选用。焊锡膏中金属的含量、焊锡膏的氧化物含量、焊锡膏中金属粉末的粒度及焊锡膏在印制板上的印刷厚度,都不同程度地影响着焊锡球的形成。

⑥ 外界的环境。当印制板在潮湿的库房中存放过久时,在装印制板的真空袋中会发现细小的水珠,这些水分会影响焊接效果。因此,如果有条件,应在贴装前将印制板和元器件进行高温烘干,这样就会有效地抑制锡球的形成。焊锡膏与空气接触的时间越短越好,这是使用焊锡膏的基本原则。

**2. 立片(曼哈顿现象)**

矩形片式组件的一端焊接在焊盘上,另一端则翘立,这种现象就称为立片,即曼哈顿现象,如图 5.11 所示。引起这种现象的主要原因是组件两端受热不均匀、焊锡膏熔化有先后等。

**图 5.11　立片**

① 排列方向设计缺陷。片式矩形组件的一个端头先通过回流焊线,焊锡膏先熔化,完全浸润组件的金属表面,具有液态表面张力;而另一端未达到 183 ℃液相温度,焊锡膏未熔化,只有焊剂的黏结力,该力远小于回流焊焊锡膏的表面张力,因而未熔化端的组件端头向上直立。因此,应保持组件两端同时进入回流焊线,使两端焊盘上的焊锡膏同时熔化,形成均衡的液态表面张力,以保持组件位置不变。

② 焊盘设计质量的影响。若片式组件的一对焊盘大小不同或不对称,也会引起漏印的焊锡膏量不一致,小焊盘对温度响应快,其上的焊锡膏易熔化,大焊盘则相反。所以当小焊盘上的焊锡膏熔化后,在焊锡膏表面张力的作用下,组件将拉直竖起。焊盘的宽度或间隙过大时,也有可能出现立片现象。严格按标准规范进行焊盘设计是解决该缺陷的先决条件。

③ 回流炉内温度分布不均匀。板面温度分布不均匀,预热温度太低。

④ 锡膏太厚,印刷精度差或贴装精度差,严重错位。

⑤ 基板材料的导热性差,基板的厚度均匀性差。

⑥ 锡膏中助焊剂的均匀性差或活性差。

**3. 虚焊**

(1) 虚焊的判断

如图 5.12 所示,当目视发现焊点焊料过少、焊锡浸润不良、焊点中间有断缝、焊锡表面呈凸球状或焊锡与 SMD 不相亲融时,应立即判断是否存在批次虚焊问题。判断的方法是:看看是否较多 PCB 上同一位置的焊点都有问题,如很多 PCB 上的同一位置都有问题,则很可能是组件不好或焊盘有问题。

(2) 虚焊的原因及解决

① 焊盘设计有缺陷。焊盘上不应存在通孔,通孔会使焊锡流失而造成焊料不足。焊盘

间距和面积也需要标准匹配，否则应尽早更正设计。

② PCB有氧化现象。PCB有氧化现象时焊盘发乌不亮。如有氧化现象，可用橡皮擦去氧化层，使其重现亮光。如怀疑PCB受潮，可放在干燥箱内烘干。PCB有油渍、汗渍等污染时，要用无水乙醇清洗干净。

③ SMD质量不好、过期、氧化、变形。氧化的组件发乌不亮，多条腿的表面贴装组件在外力的作用下极易变形，一旦变形，肯定会发生虚焊或缺焊的现象。

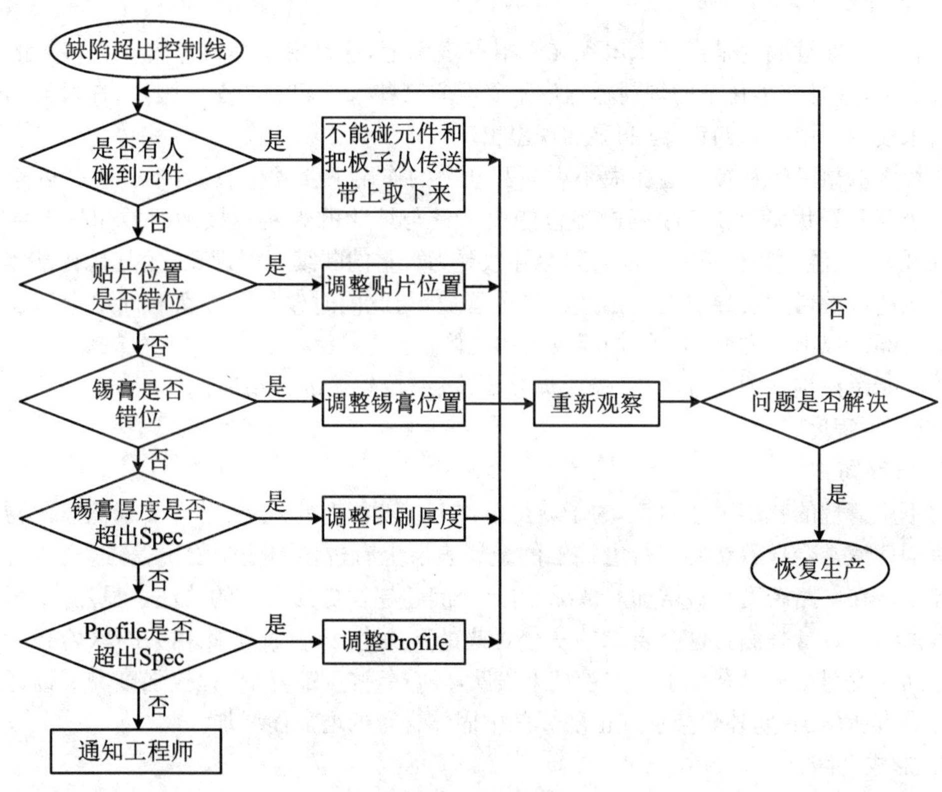


图 5.12 焊接流程图

**4. 连焊和元件错位**

连焊(Solder Short)处理办法如图5.13所示。

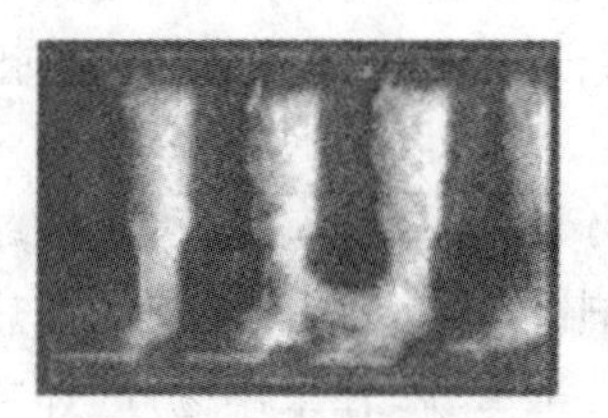

图 5.13 连焊

**5. BGA成球不良**

BGA成球常遇到未焊满、焊球不对准、焊球漏失及焊料量不足等缺陷，通常是由于软熔时对球体的固定力不足或自定力不足而引起的。固定力不足可能是由低黏稠、高阻挡厚度或高放气速度造成的，而自定力不足一般是由焊剂活性较弱或焊料量过低而引起的。

BGA 成球作用可通过单独使用焊锡膏或者将焊料球与焊锡膏，以及焊料球与焊剂一起使用来实现。正确的可行方法是将整体预成形与焊剂（或焊锡膏）一起使用，最通用的方法是将焊料球与焊锡膏一起使用。利用锡 62 或锡 63 球焊的成球工艺产生极好的效果，在要求采用常规的印刷释放工艺的情况下，易于释放的焊锡膏对焊锡膏的单独成球是至关重要的，整体预成形的成球工艺也是有很好的发展前途的，减少焊料连接的厚度与宽度，对提高成球的成功率也相当重要。

**6. 断续润湿**

焊料膜的断续润湿是指有水出现在光滑的表面上，这是由于焊料黏附在大多数的固体金属表面上，并且在熔化了的焊料覆盖层下隐藏着某些未被润湿的点。因此，在最初用熔化的焊料来覆盖表面时，会有断续润湿的现象出现。

亚稳态的熔融焊料覆盖层在最小表面驱动力的作用下会发生收缩，不一会儿就聚集成分离的小球和脊状突起物。断续润湿也能由部件与熔化的焊料相接触时放出的气体而引起，较高的焊接温度和较长的停留时间会导致更为严重的断续润湿现象，尤其是在基体金属中。反应速度的增加会导致更加猛烈的气体释放，与此同时较长的停留时间也会延长气体释放的时间。以上两方面都会增加释放出的气体量。

消除断续润湿现象的方法是：降低焊接温度、缩短软熔的停留时间、采用流动的惰性气氛、降低污染程度。

**7. 低残留物**

对不用清理的软熔工艺而言，为了获得装饰上或功能上的效果，常常要求低残留物。较多的焊剂残渣常会导致在要实行电接触的金属表层上有过多的残留物覆盖，这会妨碍电连接的建立。在电路密度日益增加的情况下，这个问题越发受到人们的关注。显然，不用清理的低残留物焊锡膏是满足这个要求的一个理想的解决办法，然而与此相关的软熔必要条件使这个问题变得更加复杂化了。实验结果表明，随着氧浓度的降低，焊接强度和焊锡膏的润湿能力会有所增加，此外焊接强度也随焊剂中固体含量的增加而增加。

**8. 形成孔隙**

在采用无引线陶瓷芯片的情况下，绝大部分的大孔隙处于 LCCC 焊点和印制电路板的焊点之间，与此同时，在 LCCC 城堡状物附近的角焊缝中，仅有很少量的小孔隙的存在，会影响焊接接头的机械性能并会损害接头的强度延展性和疲劳寿命。这是因为孔隙的生长会聚结成可延伸的裂纹并导致疲劳，孔隙也会使焊料的应力和协变增加，这也是引起损坏的原因。此外，焊料在凝固时的收缩、焊接电镀通孔时的分层排气及夹带焊剂等也是造成孔隙的原因。

控制孔隙形成的方法包括：改进组件/衫底的可焊性；采用具有较高助焊活性的焊剂；减少焊料粉状氧化物；采用惰性加热气氛；减缓软熔前的预热过程。在 BGA 装配中，孔隙的形成遵照一个略有不同的模式。一般来说，在采用锡 63 焊料块的 BGA 装配中，孔隙主要是在板级装配阶段生成的。在预镀锡的印制电路板上，BGA 接头的孔隙量随溶剂中的挥发性金属成分和软熔温度的升高而增加，同时也随粉粒尺寸的减少而增加，这可由决定焊剂排出速度的黏度来解释。在 BGA 中，引起孔隙生成的因素对焊接接头的可靠性有更大的影响，这一点与在 SMT 工艺中空隙生成的情况相似。

# 5.2 波　峰　焊

## 5.2.1 波峰焊原理及分类

波峰焊是利用波峰焊机内的机械泵或电磁泵，将熔融焊料压向波峰喷嘴，形成一股平稳的焊料波峰，并源源不断地从喷嘴中溢出。装有元器件的印刷电路板以直线平面的方式通过焊料波峰面而完成焊接的一种成组焊接工艺技术。

波峰焊技术是由早期的热浸焊接(Hot Dipsoldering)技术发展而来的。

几十年来，各国学者与工程人员对波峰动力学进行了大量的实验与研究，波峰焊机的波峰形式从单波峰发展到双波峰，双波峰的波形又可分为λ、T、Ω和O旋转波四种。按波型个数又可分成单波峰、双波峰、三波峰和复合波峰四种。

**1. 热浸焊**

热浸焊接是把整块插装好电子元器件的PCB与焊料面平行地浸入熔融焊料缸中，使元器件引线、PCB铜箔进行焊接的流动焊接方法之一。如图5.14所示，PCB组件按传送方向浸入熔融焊料中，停留一定时间，再离开焊料缸，进行适当冷却。热浸焊接时，高温焊料大面积暴露在空气中，容易发生氧化。每焊接一次，必须刮去焊料表面的氧化物与焊剂残留物，因而焊料消耗量大。热浸焊接必须正确把握PCB浸入焊料中的深度。过深时，焊料漫溢至PCB上面，会造成报废；深度不足时，则会发生大量漏焊接。

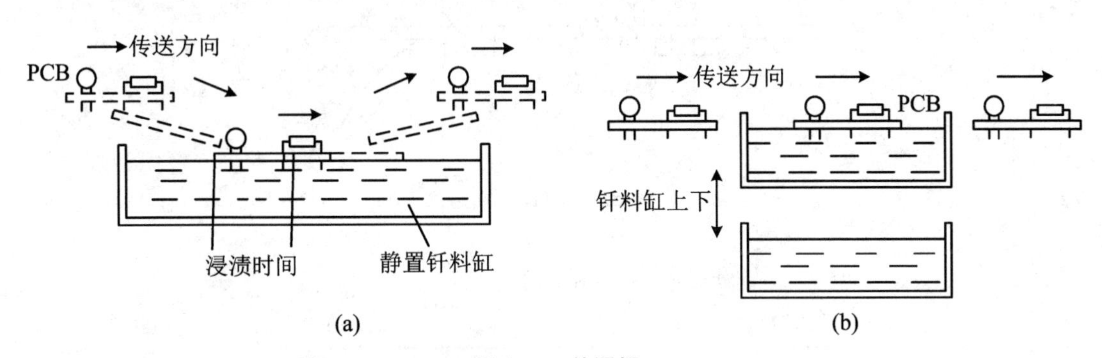


**图5.14　热浸焊**

另外，PCB翘曲不平，也易造成局部漏焊。PCB热浸焊接后，须用快速旋转的专用刀片(称为平头机或切脚机)剪切元器件引线的余长，只要留下2～8 mm长度以检查焊接头的质量，然后进行第二次焊接。第一次焊接与切除余长后，焊接质量难以保证，必须以第二次焊接来补充完善。一般第二次焊接采用波峰焊。早期的国产电视机、收录机等一些家用电子产品PCB的焊接，大多采用以上的两次焊接法。

**2. 单波峰焊**

单波峰焊是借助焊料泵把熔融状焊料不断垂直向上地朝狭长出口涌出，形成20～40 mm高的波峰。这样可使焊料以一定的速度与压力作用于PCB上，充分渗透到待焊接的元器件引线与电路板之间，使之完全湿润并进行焊接，如图5.15所示。它与热浸焊接相比，可明显减少漏焊的比率。由于焊料波峰的柔性,即使 PCB 不够平整,只要翘曲度在 3%以下,仍可得到良好的焊接质量。单波峰焊的缺点是焊料波峰有垂直向上的力,会给一些较轻的元器件带来冲击,造成浮动或空焊接。

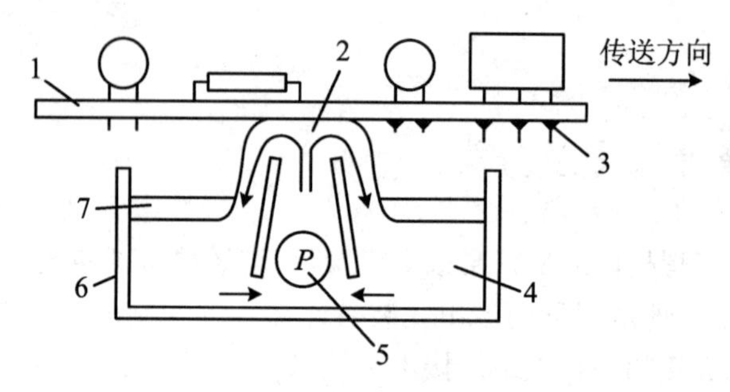


图 5.15　单波峰焊

1—PCB 组件;2—波峰;3—钎接好的接头;4—熔融钎料;5—钎料泵;6—钎料缸;7—防氧化油层

**3. 双波峰焊**

由于 SMC/SMD 没有 THD 那样的安装插孔,焊剂受热后挥发出的气体无处散逸,如图 5.16 所示。另外,SMD 有一定的高度和宽度,又是高密度贴装(一般为 5～8 件/$cm^2$),而焊料表面有其张力作用,因而焊料很难及时湿润并渗透到待贴装的每个角落,容易产生"阴屏效应",如图 5.17 所示。所以,如果采用一般的单波峰与热浸焊接方法,会产生大量漏焊接或桥连。为了解决这些问题,必须采用一种新型的波峰焊——双波峰焊。

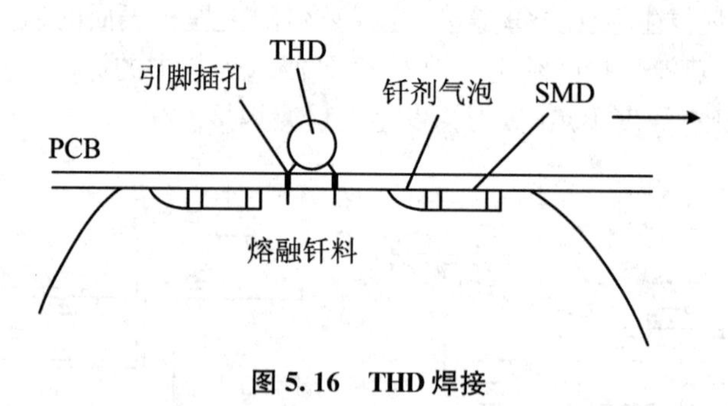


图 5.16　THD 焊接

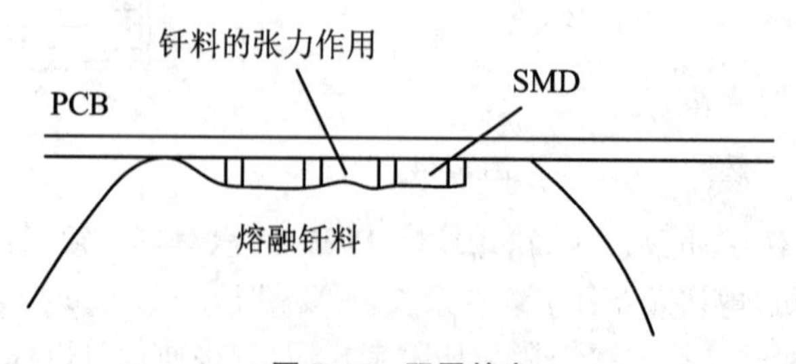


图 5.17　阴屏效应

如图 5.18 所示,双波峰焊接有前、后两个波峰,前波峰较窄,波高与波宽之比大于 1,峰端有 2～3 排交错排列的小峰头,在这样多头的、上下左右不断快速流动的湍流波作用下,焊剂气体都被排除掉,表面张力作用也被削弱,从而获得良好的焊接效果。后一波峰为双方向宽平波,焊料流动平坦而缓慢,可以去除多余焊料,消除毛刺、桥连等不良现象。根据前一波峰产生的不同波形,双波峰焊系统有窄幅度对称湍流波(如图 5.18 所示)、穿孔摆动湍流波

(用可调节穿孔喷嘴产生摆动湍流波)、穿孔固定湍流波(穿孔喷嘴固定)之分。

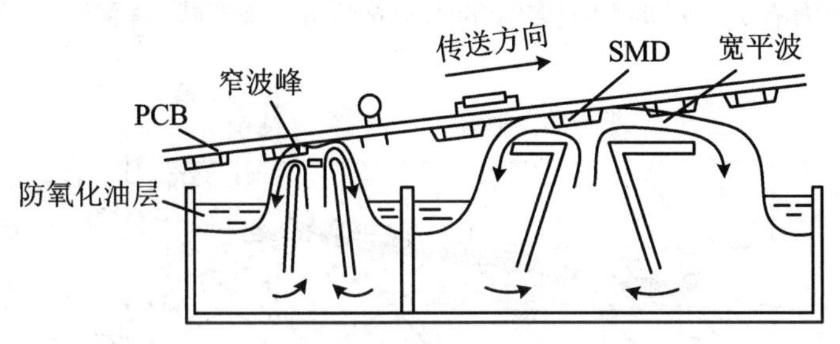


图 5.18 双波峰焊

双波峰焊系统用一个大增压室把熔融焊料压入喷嘴,从而形成双向波峰,所形成的焊料波透过喷嘴凸缘而上升形成焊料波。喷嘴外形控制焊料波峰的形状,因此也有控制波峰动力学的作用。在喷嘴里放置缓冲网,可保证形成层流和波峰的光滑,但清理工作困难。若一旦有锡渣部分堵塞缓冲网,会产生波峰不稳、忽高忽低和波峰达不到正常高度等现象。为了减少锡渣的生成,要减少焊料与空气的接触面积,在焊料返回时,为了不产生过大的紊流,通常用闸门和斜面两种方法。喷嘴截面示意图如图 5.19 所示。

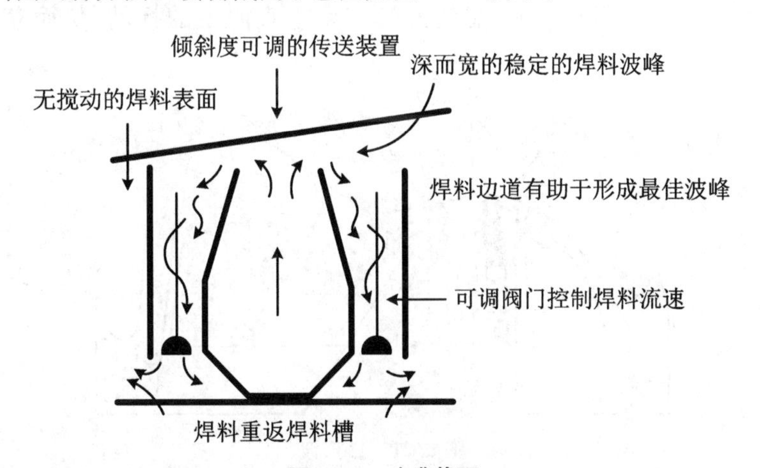


图 5.19 喷嘴截面

双波峰焊对 SMD 的焊接可以获得良好的焊接效果,已在插贴混装方式的 SMA 上普遍采用。双波峰焊接的缺点是 PCB 两次经过波峰,受热量较大,一些耐热性较差的 PCB 易变形翘曲。

为了适应各类 SMC/SMD 以及高密度组装的需要,在以上双波峰的基础上,进行了各种各样的改进,实际采用的双波峰类型主要有以下几类。

(1) λ 形波

λ 形波是由一个平坦的主波峰和一个曲率的副波峰组成的,如图 5.20 所示。其特点是:印制板是在高速点开始与波峰接触,因此焊料的擦洗作用最佳。由于在喷嘴前挡板控制波峰形状,从而控制波峰的速度,这样在喷嘴前形成了很大一部分相对速度为零的区域。因此,采用倾角可调范围较大的传送装置在喷嘴的波峰上,相对速度为零的那一点上钎焊印制板。当印制板从波峰上离去之后,紧靠热焊附近产生的后热作用有助于减小焊点拉尖。

(2) T 形波

T 形波是在 λ 形波峰上把主峰缩短,副波延伸演变而成的。其特点是把波峰变得很宽。

印制板在通过T形波时焊料已浸润了印制板的表面并从波峰中推出，形成薄层。由于波峰很宽，这样表面张力有充分的时间把多余的焊料拖回至波峰，减少桥接。

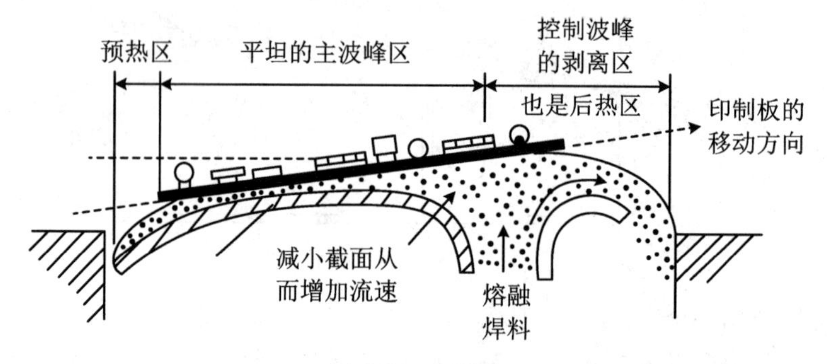


图5.20 λ形波

(3) Ω形波

在双波峰焊系统中，SMA两次经过熔融焊料波峰，热冲击很大，PCB易产生变形。为了解决该问题，研究开发出Ω形波。它是λ形波的演变，在喷嘴出口处设置了水平方向微幅振动的垂直板，如图5.21所示，能使波峰产生垂直向上的扰动，从而获得双波峰的效果。

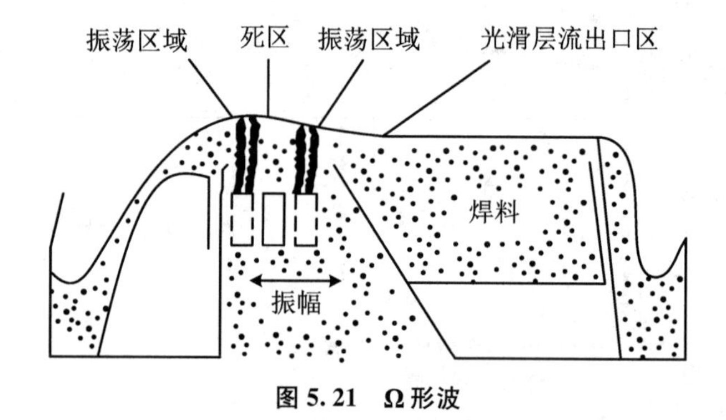


图5.21 Ω形波

(4) O形旋转波

O形旋转波是在λ形波、T形波、Ω形波的基础上发展而来的。它是在喷嘴中排有一组S形螺旋桨的旋转或运动，既能控制波峰的方向与速度，又能解决“阴屏效应”之死角，是为SMC/SMD焊接设计的新型波峰。

有的焊接设备在以上双波峰的后面，再加用热风刀以强劲的炽热空气流来消除桥连。这种热风刀明显改善了高密度SMD的焊接质量。热风刀的气流速度、流量及温度因素，都与消除桥连效果有密切关系。O形旋转波焊必须结合焊接对象进行调节，才能达到最佳状态。

**4. 喷射空心波焊**

喷射空心波焊所用的焊料喷射动力泵与其他波峰泵不一样，是特制电磁泵。电磁泵利用外磁场与熔融焊料中流动电流的双重作用，迫使焊料按左手定则确定的方向流动。调节磁场与电流的量值，可方便地调节泵的压差和流量，从而达到控制空心波高度的目的。图5.22表示的是喷射空心波焊接原理。

喷射波为空心波，厚度为 1～2 mm，与 PCB 成 45°倾角逆向喷射，喷射速度高达 100 cm/s。依照流体力学原理，可使焊料充分润湿 PCB 组件，实现牢固焊接。在高速运动的焊料流作用的同时，还会产生向下拉力，有利于贴插混装 PCB 的引线一次焊接。空心波与 PCB 接触长度仅为 10～20 mm，接触时间仅为 1～2 s，因而可减少热冲击。当完成一块 PCB 的焊接后，自动停止喷射，焊料全被防氧化油层覆盖，减少了与空气接触而被氧化。喷射空心波焊接的焊料槽一般都较小，最大容量只有几十千克，焊料耗用最少。

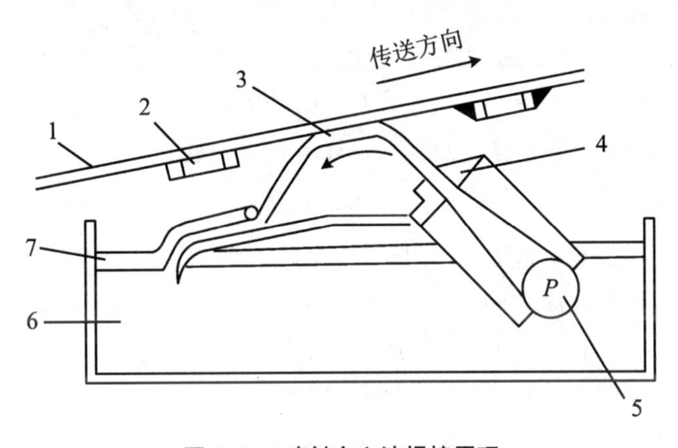


**图 5.22　喷射空心波焊接原理**

1—PCB 电路板；2—待焊元件；3—喷射波峰；4—喷射头；5—电磁泵；6—锡料槽；7—防溢板

喷射空心波焊接对 SMC/SMD 适应性较好，但对 THD 效果稍差，接头钎料量欠足，外观不饱满，最通用于 SMC/SMD 比率高的混装 PCB 焊接。

## 5.2.2　波峰焊工艺流程

波峰焊工艺基本流程如图 5.23 所示，包括准备、元器件插装、波峰焊、清洗等工序。

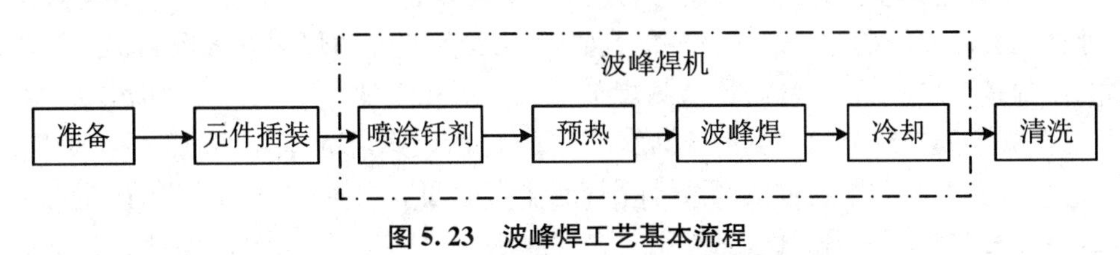


**图 5.23　波峰焊工艺基本流程**

波峰焊机通常有波峰发生器、印刷电路板传输系统、焊剂喷涂系统、印刷电路板预热、冷却装置与电气控制系统等基本组成部分。其他可添加部分包括风刀(Airknife)、油搅拌(Oil Intermix)和惰性气体氮等，图 5.24 为一种波峰焊机的结构组成图。

## 5.2.3　波峰焊基本组成与功能

在波峰焊工艺中，PCB 在一个不断流动的熔融焊料的喷泉上方传送。传送带的高度最好调到当电路板通过波峰上方时，电路板的整个底面被焊料冲刷。在焊接插装元器件时，焊料润湿元器件伸出的引脚，同时，焊料被吸入已电镀的插孔。表面贴装元器件的焊接是把它们用贴片胶粘在电路板的底面上，然后把它们直接浸在焊料波里。

完整的波峰焊工艺通常由一台单机中进行的3个工序组成，即涂敷焊剂、电路板预热和波峰焊。

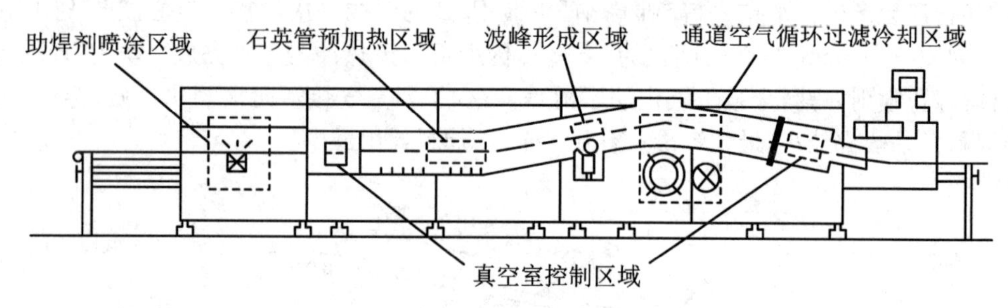


**图5.24 波峰焊机的结构组成图**

**1. 涂敷焊剂**

在生产中，必须借焊剂去除焊接面上的氧化层。通常焊剂的密度在0.8～0.85 g/cm³之间，焊剂能够方便均匀地涂敷到PCB上。根据使用的焊剂类型，焊接需要的固态焊剂量在0.5～3 g/m²之间，这相当于润湿焊剂层的厚度为3～20 μm。SMC/SMD上必须均匀涂敷上一定量的焊剂，才能保证SMC/SMD的焊接质量。

不管采用哪一类焊剂，在焊接前必须把它涂敷成一个均匀层。波峰焊通常用液态焊剂，最常用的涂敷方法是发泡法、波峰法和喷射法。

(1) 发泡法

发泡法涂敷焊剂是将一个有网孔的发泡圆筒沉入配有发泡剂的液体焊剂槽中，用洁净压缩空气吹入使其发泡，焊剂通过泡沫喷头附着在PCB的底面上。在这种方法中，压缩空气泵通过一块多孔石形成的气泡流，由喷嘴直接喷在电路板的底面。当气泡破裂时，它们在电路板上沉积为一层薄而均匀的焊剂层，多余的焊剂滴回到焊剂槽。只要有充足的暴露时间使焊剂覆盖整块电路板，焊剂层的厚度对传送带的速度就不太敏感，而其主要取决于焊剂的黏度。

通过使用较高纯度的焊剂(>10%)，发泡法涂敷焊剂的方式可以获得良好的效果。然而，这种方式会形成较高的溶剂挥发现象，这样就会给所施加的焊剂总量控制带来问题。因此，黏度控制是很严格的，常常通过监测焊剂的比重对黏度加以调整。必要时，添加溶剂以保持黏度在规定的控制范围内。由于黏度的重要性，所以不是所有的焊剂都适合发泡法。

发泡法涂敷焊剂的优点包括：可靠性高；泡沫高度调节方便；PCB金属化孔能得到可靠的润湿，不会有过量的焊剂沉积在PCB上。发泡法的缺点是：低固含量焊剂有时不适于用此法涂敷；焊剂易吸潮，因而应注意检查并定期更换；开放系统溶剂易挥发，必须定期补充；PCB上的堵孔胶会破坏泡沫并影响四周的焊点；采用发泡法涂敷的焊剂密度高，因而预热工艺应适当增长，最好有热空气循环装置，以去除过量的溶剂。

(2) 波峰法

波峰焊的原理同样适用于涂敷焊剂。波峰涂敷焊剂的方式是通过一个烟囱状输送管道，进行焊剂的泵送，以形成液态焊剂波峰(类似于焊料波峰的形成)。PCB的底部悬浮在波峰上面，使焊剂附着到PCB的表面上。

波峰法比发泡法优越的一点是波峰高度能调到很高，有可能达到50 mm，而发泡法的高度只有15 mm。这对长引脚的插装元件可能很重要，而对表面贴装元器件并非如此。

波峰的高度相当关键，必须加以调整，以保证充分覆盖整块电路板(包括电路板可能翘曲的公差)，但不能覆盖电路板的顶面。考虑到焊剂蒸发和特殊的万有引力作用，波峰涂敷焊剂的方式所需焊剂比实际涂敷量更多。

(3) 喷射法

喷嘴喷射焊剂的方式是一种较新的焊剂涂敷方式，适合于新型焊剂(如免清洗和免VOC焊剂)。在喷射焊剂的过程中，焊剂被放置在一个密封的容器内，免除了对具体重力的监测需求。焊剂被喷射时呈现出雾状，并被向上喷射至PCB组件的底部。这种方式允许精确地控制施加的焊剂总量。

喷射法已应用于没有电镀通孔的单面板。把一块筛网缠绕在圆筒上，并且通过焊剂槽旋转。空气被压入转筒内，产生焊剂的细小喷射流。喷射法必须采用一块保护板，使焊剂对准电路板。

喷射法很简单，实际上任何一种液态焊剂都能采用，但不易控制，比其他方法易浪费，喷出保护板的焊剂不能回收，而且该系统必须常常清洗。该方法的优点是适用于低固含量(质量分数小于5%)焊剂，不用稀释剂，焊剂与空气隔离不会被污染，可调节喷射宽度。其缺点是喷雾系统复杂，不易维护；焊剂喷射均匀性差，且有焊剂分子，需另加外罩及排风装置；喷嘴有时会出现堵塞现象。空气压力不足以使焊剂进入小孔，因而对带有电镀通孔的电路板不推荐应用这种工艺。另外，电路板上有大的开口也是一个问题，因为它们会成为焊剂涂敷电路板顶面的通道。

(4) 刷涂法

在焊剂槽中放置一个圆柱形刷体，在转动时下部浸入焊剂，当被焊PCB在上面通过时，毛刷可将焊剂飞溅到PCB上。此方法主要用于PCB表面的保护，故在波峰焊过程中很少使用。

在用刷子涂刷焊剂的过程中，细密的硬毛刷在焊剂容器里进行旋转。涂敷焊剂的硬毛与称为吊环的棒材相接触，形成向后弯曲的状态。当刷子连续不断地旋转时，在硬毛上的焊剂被抛向PCB的底部。尽管这种方式简单并且很便宜，但是这种方式要求经常对焊剂监测。在焊剂难以触及的区域，这种方式很难奏效。

(5) 超声波振荡法

采用超声波发生器产生高频振荡能(20～40 kHz)，并通过换能器转化为机械振荡，强迫焊剂成雾化状，并将其送至SMC/SMD的焊接面上，这是目前市场上最先进的涂敷方法。超声波的振子端连接至焊剂施加安置处，使焊剂雾化，于是可以形成焊剂烟雾。空气直接作用在雾气上，一股气流推动着来自于烟雾发生器的焊剂雾气，直接冲向PCB，使得焊剂释放在PCB上。波峰焊设备涂敷焊剂装置有时候会采用一把热风刀，可以将焊剂铺展开，以确保焊剂渗透到凹陷部位。

超声波振荡方式的优点是：操作与维护方便，操作费用经济；适用于任何品牌的焊剂，可减少70%的不良焊点；采用密闭式，可避免焊剂污染，并可将焊剂均匀地涂抹在PCB上；采用振荡原理，喷口不会堵塞。其缺点是投资费用高。

(6) 鼓轮喷雾法

鼓轮喷雾焊剂方式通过采用一个旋转的网状鼓轮，从鼓轮底部的槽液中汲取焊剂。随着鼓轮的旋转，向上旋转面上的空气射流将焊剂从网状物内以细小的雾滴吹至PCB上，鼓轮的旋转速度控制着所涂敷的焊剂量。对焊剂特殊的重力作用需要进行监测和控制，焊剂进入密集区域时会受到其穿透力的限制。该方法的优点是可适用于不同类型的焊剂，成本低。其缺点是无法控制宽度；焊剂会造成二次污染，溶剂易挥发，无法控制焊剂喷雾量；清洗困难，需用稀释剂，维护费用高。这种方法由于品质不稳定，故而面临淘汰。

**2. 电路板预热**

当PCB组件的质量较重时，例如具有8层或层数更多的多层板时，通常情况下要求采用顶部加热措施，以求给PCB组件带来合适的温度，同时又不会产生底部过热的现象。目前，电路板预热包括强迫对流、石英灯和加热棒三种主要方法。

(1) 强迫对流

强迫热空气对流是一种有效的、高度均匀的预热方式，尤其适合于水基焊剂。这是因为它能够提供所要求的温度和空气容量，可以将水蒸发掉。

(2) 石英灯

石英灯是一种短波长红外线(IR)加热源，能够做到快速地实现任何所要求的预热温度设置。

(3) 加热棒

加热棒的热量由具有较长波长的红外线热源提供。它们通常用于实现单一恒定的温度，因为其实现温度变化的速度较为缓慢。这种具有较长波长的红外线能够很好地渗透到PCB材料之中，以满足较快时间的加热。

**3. 波峰焊**

涂敷焊剂的PCB组件离开了预热阶段，通过传送带穿过焊料波峰。焊料波峰是由来自于容器内熔化了的焊料上下往复运动而形成的，波形的长度、高度和特定的流体动态特性(例如湍流或层流)，可以通过挡板的强迫限定来实施控制。随着涂敷焊剂的PCB通过焊料波峰，就可以形成焊接点。

焊料波峰的实际动态特性对焊接成品率有很大的影响。波峰焊有两类主要的设备，即单波峰系统和双波峰系统。单波峰系统传统上常用于焊接插装组装件，双波峰系统是为表面贴装焊接而迅速发展起来的新技术。

## 5.2.4 波峰焊焊接影响因素

**1. 预热和焊接时间**

预热时间是指PCB涂敷焊剂后进入预热区并与焊料波峰接触前的时间。预热时间长，有利于PCB面温度均匀。通常，大型波峰焊机预热时间较长，有利于焊接，同时产量也高；小型机预热时间较短，但难保证PCB面温度的均匀性。

焊接时间是指PCB上某一个焊点从接触波峰面到离开波峰面时的时间，也称为停留时间，其计算公式为

焊接时间＝波峰宽/传送速度

波峰焊是依靠流动焊料与PCB焊盘接触来导热的，考虑到不同元器件的热容量，通常接触时间不能太短，否则焊盘将达不到所需的润湿温度。通常波峰面宽度为4～5 cm，若速度为2 cm/s时，则停留/焊接时间为2～2.5 s。

**2. 预热温度**

预热温度是指PCB与波峰面接触前所达到的温度，不同的SMC/SMD温度也不尽相同。

**3. 焊接温度**

焊接温度是非常重要的焊接参数，通常高于焊料熔点 50～60 ℃，该温度是焊盘达到润湿温度的根本保证，它通过流动的焊料向焊盘供热，故传热系数高达 $10 \times 10^3$ W/($m^2$·K)以上。同时，较高的焊料温度可保证焊料有较好的流动性。焊接温度在波峰焊机开通时，应定期定时检查，尤其是焊接缺陷增多时，更应该首先检查焊料的温度。

实际运行时，所焊接的 PCB 焊点温度要低于锡锅温度，这是 PCB 吸热的结果，曲线上所见到的温度仅为 215 ℃(无铅焊为 255 ℃)，在单波峰焊机中，这个温度还要更低一点。

**4. 波峰高度**

波峰高度是指波峰焊接中的 PCB 吃锡深度，其数值通常控制在 PCB 厚的 1/2～2/3(过大会导致熔融焊料流到 PCB 的表面，出现“桥连”)。此外，PCB 浸入焊料面越深，其挡震作用越明显，再加上元件引脚的作用，就会扰乱焊料的流动速度分布，不能保证 PCB 与焊料流的相对零速运动。对幅面过大和超重的 PCB，通常用增加挡锡条的办法来解决上述问题。

**5. 传送倾角**

波峰机在安装时除了使机器水平外，还应调节传送装置的倾角(高档波峰机通常倾斜角控制在 3°～7°之间)。通过倾斜角的调节，可以实现调控 PCB 与波峰面的焊接时间，适当的倾角会有利于焊料液与 PCB 更快地剥离，使之更快地返回锡锅。

**6. 热风刀**

热风刀是 20 世纪 90 年代出现的新技术。所谓热风刀，是 SMC/SMD 刚离开焊接波峰后，在 SMC/SMD 的下方放置一个窄长的带开口的腔体，窄长的开口处能吹出(4～20)×0.068 个标准大气压和 500～525 ℃的气流，犹如刀状，故被称为热风刀。热风刀的高温高压气流吹向 SMC/SMD 上尚处于熔融状态的焊点，过热的风可以吹掉多余的焊锡，也可以填补金属化孔内焊锡的不足，对有桥连的焊点可以立即得到修复。同时，由于可使焊点的熔化时间得以延长，所以原来那些带有气孔的焊点也能得到修复，因此热风刀可以使焊接缺陷大大降低。热风刀已在 SMC/SMD 焊接中广泛使用。

热风刀的温度和压力应根据 SMC/SMD 器件密度、元器件类型以及板上的方向而设定。为了获得最佳效果，可调整热风刀的角度(40°～90°，以水平为基准)以及与 SMD/SMD 底面之间的距离(尽可能近)。如果发现有焊锡吹到板子上部，则应减少风刀的压力，既要保证吹掉多余焊锡，修正桥连，又要保证不使焊料吹到元器件面上去。通常对所有类型的板子压力设置为(5～10)×0.068 个标准大气压，温度设置为 426 ℃，以此得到很好的焊接效果。

**7. 焊料纯度的影响**

焊接过程中，焊料中的杂质主要来源于 PCB 上焊盘中的铜浸析。过量的铜会导致焊接缺陷增多，如拉尖、桥连和虚焊，因而铜是焊料锅中必须及时清除的主要杂质。生产中应根据 SMC/SMD 焊接产量的多少，定期测试，当铜含量达到 0.4%以上时，就应该采取措施进行处理。

引起焊料杂质含量高的另一个原因是过高的锡锅温度。高温下焊料的氧化相当迅速，特别是转动轴附近的氧化更明显，锡锅表面每时每刻都会有一层氧化层，这往往会造成细小的氧化层进入锡料之中，对焊接质量带来影响。减小焊料氧化物的生成一直是提高波峰焊质量的一项重要内容，早期采取加入抗氧化油的办法，虽然取得明显效果，但会带来抗氧化油本身对 PCB 的污染。因此，新型波峰焊机采用氮气保护的办法，使氮气充满锡锅上方的空间，达到了防焊料氧化的效果，进而提高了焊接质量。

**8. 焊剂**

由于焊剂品种多、性能差别大以及密度的要求和焊后 SMC/SMD 清洗的问题,加之 SMC/SMD 的出气孔相对较少,因而在实际应用中通常选用固态含量低的品种。至于是否用免清洗的焊剂,不仅需要考虑产品的要求,还应该考虑元器件可焊性的实际情况。通常免清洗焊剂助焊性能较低,对于可焊性相对差的 PCB,元器件易产生虚焊等缺陷。

在波峰焊的焊接过程中,对焊剂密度的控制是相当重要的,因为它决定了焊剂的固态含量。特别是在采用开放式涂敷焊剂的设备中更是如此。如发泡式涂敷焊剂的设备应采用焊剂密度调节仪加以控制。

焊剂的密度受到监控,当需要时注入异丙醇可使焊剂密度达到要求。浮标是焊剂密度监控探头,通过开关与电气阀控制异丙醇的加入量,从而达到调节密度的目的。液面调节器则可以控制泵,使焊剂槽中保持一定量的焊剂,焊剂的密度控制在 0.81～0.858 g/cm$^2$ 之间。

**9. 工艺参数的协调**

波峰焊机的工艺参数,即带速、预热温度、焊接时间和倾斜角度之间需要互相协调,反复调节。其中,带速影响到生产量,在大批量生产中希望有较高的生产能力。各种参数协调的原则是以焊接时间为基础,协调倾角与带速,焊接时间一般为 2～3 s;其中,焊接时间可以通过波峰面的宽度与带速来计算。波峰面的宽度则可以由一块带刻度的耐高温的玻璃板经过波峰面来测得,反复调节带速与倾角以及预热温度,就可以得到满意的波峰焊接温度曲线。

在计算波峰焊机的生产能力时,还应考虑 PCB 之间的间隔。其计算方法如下:设 PCB 的长度为 $L$(与边轨平行边的长度),PCB 之间的间隔为 $L_1$,传递速度为 $V$,停留时间为 $t$,每小时产量为 $N$,波宽为 $W$,则传送速度

$$V=W/t, \quad N=60V/(L+L_1)$$

**10. 焊接温度曲线**

焊料波峰的温度是两种对立因素间的折中。一方面,为了尽可能减少桥连,焊料波峰温度要远高于焊料的熔融温度;另一方面,为了减小对元器件和电路板可能的热损伤,该温度应尽可能地低。

在通孔插装技术中,焊料波峰温度一般为 245～280 ℃。在较低温度下,经常看到桥连的增加。当实际的焊料温度与其熔融温度间的温差减小时,焊料从电路板彻底脱离之前就更有可能固化。事实上,解决桥连过多问题的一般方法是提高焊料波峰的温度。

表面贴装元器件的温度敏感性实际上限制了整个波峰焊的加热曲线。在大多数场合,波峰温度为 235～260 ℃。温度接近这一范围低端时,必须利用补偿技术(如热风刀)以除去焊料桥连。

预热是减小热冲力的关键。在许多场合,陶瓷电容器是对热最敏感的元件。因为制作这些电容器的钛酸钡介质在 120 ℃左右的居里点要发生晶格结构的变化,这一区域的温度梯度必须仔细控制。电路板的温度应逐渐升到稍高于居里点温度,这一温度通常为 100～125 ℃。采用回流焊时,温度上升的速度为 2～4 ℃/s。

双波峰系统的实际温度曲线比理想曲线更复杂。当电路板从第 1 个波峰传送到第 2 个波峰时,它稍有冷却,就会产生一种特有的“双峰”曲线,这种迅速的温度起伏增加了陶瓷电容器开裂的危险。考虑到这一点,把湍流和层流波峰结合成一个单波峰的 Ω 系统要比把这两种波峰硬性分开的系统更优越。

波峰焊接中的3个主要因素是：焊剂的供给、预热和熔融焊料槽。焊剂的供给方式有喷雾式、喷流式和发泡式。熔融焊料槽是波峰焊接系统的心脏，双波峰焊接系统的典型焊料槽设计由两个独立的部分组成。预热对于SMC/SMD的焊接是非常重要的工序。在预热阶段，焊剂活化，从焊剂中去除挥发物，将PCB焊接部位加热到焊料润湿温度，并提高SMC/SMD的温度，以防止PCB焊接部位暴露于熔融焊料时受到大的热冲击。一般预热温度（PCB表面）为130～150 ℃，预热时间为1～3 min，熔融焊料温度应控制在240～250 ℃之间。在合理的结构设计前提下，严格的工艺条件控制是确保焊接可靠性的关键。

### 5.2.5 波峰焊的缺陷及其对策

波峰焊接中常见的焊接缺陷包括拉尖、桥连、漏焊和虚焊、锡薄、锡珠和短路等，这些焊接缺陷产生的原因及解决方法各不相同。

**1. 拉尖**

拉尖是指焊盘上的焊膏形成小丘状，焊后元件脚出现毛刺。

产生拉尖的原因有：机器设备或使用工具温度输出不均匀，PCB焊接设计不合理，焊接时会局部吸热造成热传导不均匀，热沉大的元器件吸热；PCB或元件本身的可焊性不良，焊剂的活性不够，不足以润湿；且焊剂中的固体百分含量太低（少于20%），由于第1个湍流波的擦洗作用和焊剂的蒸发，使SMC/SMD进入第2个波峰时焊剂剂量不足；PCB过焊料太深，焊料波流动不稳定，手动或自动焊料锅的焊料面有焊料渣或浮物；元件脚与通孔的比例不正确，插装元件的过孔太大，PCB表面焊接区域太大时，造成表面熔融焊料凝固慢，流动性大；焊料缸温度低，焊料流动性变差，预热温度低；PCB传送速度和传送倾角不当，离板速度太快；黏度太大等。

拉尖的解决办法有：更换焊膏，选择合适黏度的焊膏；调整传送速度到合适为止，调整预热温度，调整焊料槽温度，调整传送角度；优选喷嘴，调整波形；调换焊剂和解决引脚可焊性等。

**2. 桥连**

桥连是指将相邻的两个焊点连接在一块。

桥连产生的原因是：PCB焊接面没有考虑焊料流的排放，PCB线路设计太近，组件引脚不规律或组件引脚彼此太近；PCB或组件脚有锡或铜等金属之杂物残留，PCB或组件脚可焊性不良，焊剂活性不够，焊料槽受到污染；预热温度不够，焊料波表面冒出污渣，PCB沾焊料太深；焊料槽温度低，焊锡铜含量过高，焊剂失效或密度失调，印制板布局不适合或印制板变形。

桥连的解决办法有：调整顿热温度，调整焊料槽温度；化验焊锡的锡和杂质含量；调整焊剂密度或换焊剂；更改PCB设计和检查PCB质量。当发现桥连时，可用手焊分离。

**3. 漏焊和虚焊**

漏焊和虚焊是指焊后部分元件没上锡或上锡太少。产生漏焊和虚焊的主要原因包括：PCB及元件脚表面氧化，可焊性差；预热温度低；焊料波峰不稳；焊剂失效，涂敷不匀或过少；PCB变形弯曲，局部可焊性差；传送速度过快；焊料槽温度低；焊盘孔太大；预涂焊剂和焊剂不相溶等。

虚焊的解决办法包括：解决引脚可焊性；检查波峰装置，调整预热温度；化验焊锡的锡和杂质含量;调整焊剂密度;设计小焊盘孔;清除 PCB 氧化物,清洗板面;调整传送速度和调整焊料槽温度。

**4. 锡薄**

锡薄是指焊接后焊盘上的焊料量未达到规定的标准,从而使得焊点的坚固程度受到一定的限制。产生锡薄的原因是:焊孔焊料不足,焊点周围没有全部被焊料包覆;焊料槽的工艺参数不合理,焊料锅温度过低(温度一般为(250±5) ℃),传送带速度过快;通孔润湿不良,焊料没有完全焊接到孔壁顶端,此情形只发生在双层板或多层板中;元器件引脚可焊性差,焊盘太大(需要大焊盘者除外),焊盘孔太大,焊接角度太大,传送速度过快,焊料槽温度高,焊剂涂敷不匀或焊料含锡量不足。

**5. 锡珠**

锡珠是由于 PCB 在过波峰时发生锡液飞溅而引起的。锡珠大多数发生在 PCB 表面,因为焊料本身内聚力的因素,使这些焊料颗粒的外观呈球形。其产生原因包括:制程控制,即 PCB 在运输及收藏过程中是否受潮未充分干燥;预热温度过低(预热温度标准是:酚醛电路板一般为 80～100 ℃,环氧电路板为 100～120 ℃),焊剂没有充分挥发;传送速度过快,导致预热温度过低;焊剂的配方中含水量过高,质量差;传送角度不好,PCB 与锡液间产生气泡等。

**6. 短路**

短路是指将不该连接在一起的两个焊点短路(桥连不一定短路,而短路一定桥连),其原因有:露出的线路太靠近焊点顶端,元件或引脚本身互相接触(自动插件机折脚方向不对);焊料波振动太严重;PCB 或元件脚氧化;焊锡方向不对;PCB 设计不合理,脚距太小;焊剂不好;焊接温度过高,时间过长;角度太小等。

短路的解决办法有:修理或更改 PCB 设计;更换焊剂;调节 PCB 传送速度;调整焊料槽温度;清除 PCB 氧化物,清洗板面。

# 第 6 章　SMT 检测技术

## 6.1　SMT 检测分类

SMT 产品组装质量检测方法有多种，目前使用的检测方法主要有以下四种：人工目视检查、电气测试、自动光学检测、X 射线检测。

**1. 人工目视检查**

SMT 组装中的人工目视检查就是利用人的眼睛或借助简单的光学放大系统对焊膏印刷质量和焊点质量等内容进行人工目视检查。在高技术检测仪器仍不断完善时期，人工目视检查仍然是一种投资少且行之有效的方法。特别是在工艺水平低、工艺装备和检测设备不完善的情况下，对于改进设计、工艺和提高电路组件质量仍起着重要的作用。目前，在我国和其他发展中国家的电路组装工艺中，人工目视检查仍被广泛应用。图形放大目测系统如图 6.1 所示。

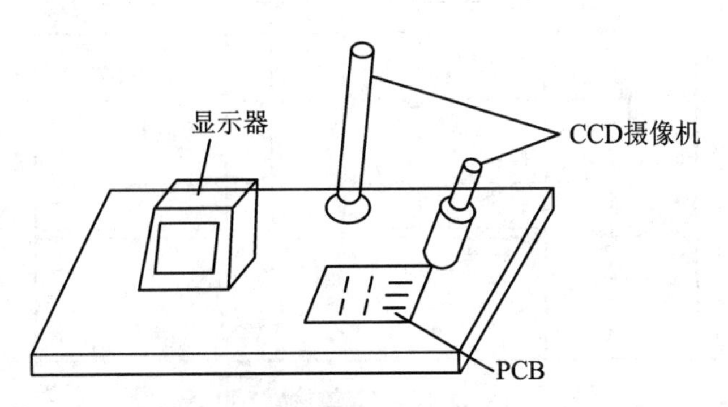


**图 6.1　图形放大目测系统**

人工目测是一种非常普遍的检验技术，其优点包括：不需要昂贵而复杂的设备，投资成本低，受过培训的操作者使用相当简单的光学工具，就能检验甚至很复杂的电路；验收准则还可包括实际上不能编进计算机算法规则的详细的技术规范。可以采用人工目视检查的内容包括：印刷电路板质量、胶点质量、焊膏印刷质量、贴片质量、焊点质量和电路板表面质量等。

人工目视检查具有较大的局限性，如重复性差，不能精确定量地反映问题，劳动强度高，不适应大批量集中检查，对不可视焊点无法检查；对引脚焊端内金属层脱落形成的失效焊点等内容不能检查，对元器件表面的微小裂纹也不能检查。尽管如此，它现在仍然是许多电子产品制造厂家通常采用的行之有效的检查方法，对于尽快发现缺陷、尽早排除、防止缺陷重复出现、优化组装工艺和改进电路组件设计具有十分重要的意义。

**2. 电气测试**

电气测试主要是对电路组件进行接触式检测。在 SMA 组装过程中，即使实行了非常严格的工艺管理，也可能出现诸如极性贴错、焊料桥接、虚焊、短路等缺陷，所以在组装清洗之后必须对电路组件进行接触式检测，测试组件的电气特性和功能。其中，在线测试(ICT)是主要的接触式检测技术。

在线测试是在安装好的元器件的 SMA 上，通过夹具针床或飞针，把 SMA 上的元器件使用电隔离的手法单独、逐一地进行测试。目前的在线测试仪具有全面的测试功能，几乎能检测覆盖包括组装故障和器件故障在内的所有生产性故障，在 SMT 组装工艺过程质量控制中起到了极其重要的作用。

但是，由于在线测试技术是基于产品测试、以最终检测为目标的检测技术，以它作为 SMT 组装故障检测的主要手段，仍存在着较大的缺陷，其主要的问题有以下几点：

(1) 返修成本高

在线测试检测生产故障，均需经返修工作台用返修仪器设备进行返修(如图 6.2 所示)。由于 SMT 生产故障，返修过程困难，返修仪器设备昂贵，因而返修成本高。有统计资料表明：采用在线测试最终检测和返修方法时，SMT 产品的 15%～25%的制造成本浪费在返工中。

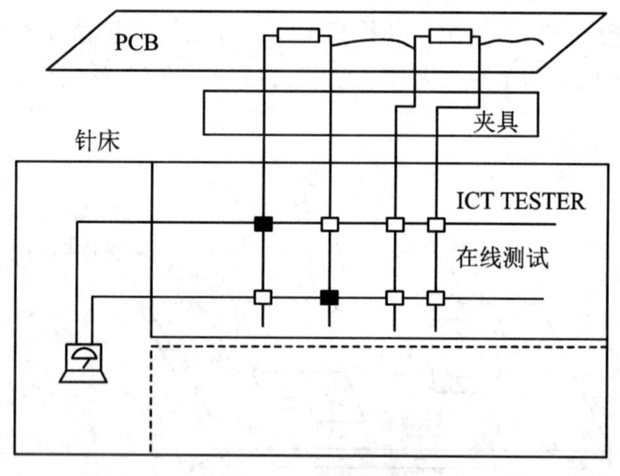


**图 6.2　在线检测**

(2) 生产效率低

在线测试 SMT 度较慢，而且一般均需脱离生产线进行，再加上返修工序的低效率，使产品的整体生产效率低下。

(3) 测试成本高

对于一个 SMT 组装生产系统，往往需配备多台在线测试设备及其针床，而且针对不同的产品需配置多套针夹具，因而测试成本高。

(4) 质量反馈信息滞后

经在线测试发现的组装质量信息，经统计分析，再由人工反馈处理，已经大大滞后于组装质量控制的实时性需要。特别是对于多品种、小批量生产或科研产品单件生产，其质量信息很难发挥实时反馈控制作用。飞针式在线测试虽然可实现不脱线、无针夹具测试，但上述基本问题也仍然存在。为此除了在线测试外，目前先进的组装设备本身均设置了一些自检功能，如丝网印刷机可配置焊膏厚度检测仪，贴片机具有元器件定位光学自检系统，等等。同时，在生产过程的质量控制中，往往还要在焊膏印刷、贴片等关键工艺环节安排检测点，利用光学检测设备或人工目测等方法对工艺质量进行抽测。这些设备自检功能和工艺过程抽测手段，能形成组装设备单机局部工序的自检反馈修正功能或局部工艺反馈修正功能，在人工配合下对各组装工序质量进行严格控制，从而将组装故障源消除于各个工序中，对组装质量控制具有非常积极的意义。

**3. 自动光学检测**

随着电路图形的细线化，SMD的小型多功能化和SMA的高密度化，传统的人工目视检测方法难以满足SMA的要求，所以，近年来自动光学检测（AOI）技术迅速发展起来。这种检测技术采用了计算机技术、高速图像处理和识别技术、自动控制技术、精密机械技术和光学技术，是综合多种高技术的产物，具有自动化、高速化和高分辨率的检测能力；大大减轻了人的劳动强度，提高了质量判别的客观性和准确性，减少了专用夹具，通用性强；特别是减少了测试和排除故障的时间，并可提供实时反馈信息至组装系统。大多数AOI系统还备有用户可订购的软件，该软件提供了生产过程控制（SPC）数据。所以，AOI技术现在正作为工艺控制的工具而被普及。

目前，在电路组装中使用的AOI有下列几种主要类型：裸板外观检测技术、电路组件外观检测技术、焊膏印刷等组装工艺质量检测技术和激光/红外焊点检测技术。AOI的工作原理如图6.3所示。

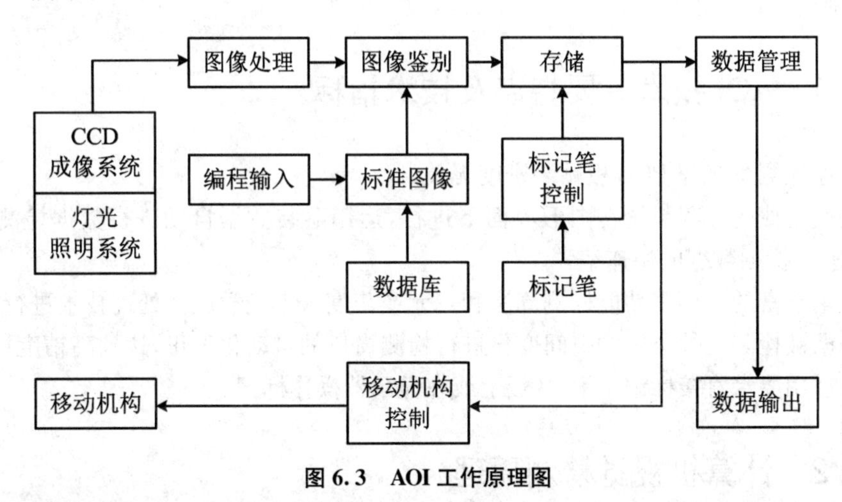


**图6.3　AOI工作原理图**

**4. X射线检测**

随着BGA、CSP、倒装芯片和超细间距器件的出现和电路组装密度的不断提高，使上述的检测和测试技术与方法难以满足组装工艺质量控制的要求，诸如焊料短路、桥接、焊料不足、丢片、元器件对准不良等缺陷的检测，以及焊点在器件底面不可视等情况下的质量检测。这一难题可以采用X射线检测技术解决。现在，在电路组装中采用的X射线检测系统主要有在线或脱线、2D或3D等类型，原理上主要采用X射线断层扫描和层析X射线照相合成技术。

这些检测技术的主要特征是直观性强，能准确地检测出缺陷的类型、尺寸大小和部位，为进一步分析和返修提供了有价值的参考数据和真实映像，提高了返修效果和速度。自动

X 射线检测(AXI)工作原理如图 6.4 所示。

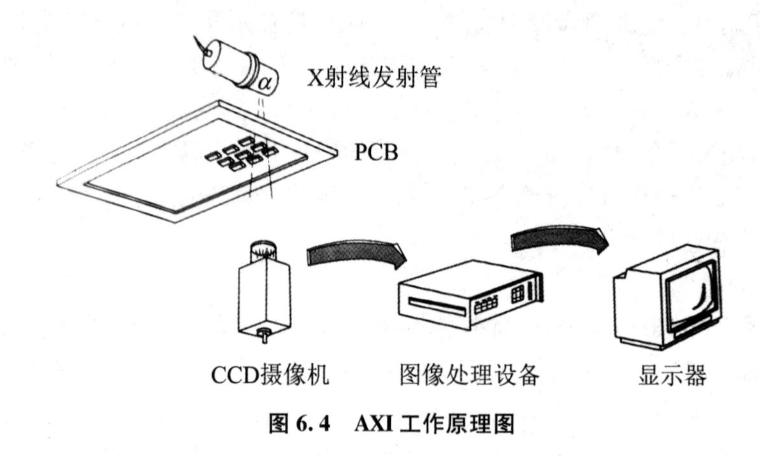


**图 6.4　AXI 工作原理图**



# 6.2　自动光学检测技术

自动光学检测技术(AOI)作为 SMT 组装质量检测的主要技术手段,在 SMT 中的应用越来越普遍,应用面越来越宽,技术越来越先进和完善。AOI 的形式越来越多样化,并正向着检测智能化方向发展。

## 6.2.1　AOI 技术主要特点及技术指标

① 高速检测系统与 PCB 板贴装密度无关。

② 快速便捷的编程系统在图形界面下进行,运用贴装数据自动进行数据检测,运用元件数据库进行检测数据的快速编辑。

③ 运用丰富的专用多功能检测算法和二元或灰度水平光学成像处理技术进行检测。

④ 根据被检测元件位置的瞬间变化进行检测窗口的自动化校正,达到高精度检测。

⑤ 通过用墨水直接标记于 PCB 板上或在显示器操作标记。

## 6.2.2　计算机视觉检测原理

### 6.2.2.1　AOI 技术基本原理

人观察物体是根据光线反射量进行判断的,反射量越多为亮,反射量越少为暗。AOI 与人的判断原理相同。AOI 检查的基本原理是利用 LED 灯光代替自然光,用光学透镜和 CCD 代替人眼,把从物体反射回来的光源量与已经编好的标准进行比较、分析和判断。AOI 检查分为两部分,即光学部分和图像处理部分。

**1. 光学部分**

光学部分由图像采集模块和光源模块组成。

(1) 图像采集模块

图像采集模块的质量直接影响图像的质量,采用远心镜头和高分辨率相机,可以显著减少调试检查程序的工作量,还能减少误报率。对于大尺寸IC和密间距焊点的检查,采用远心镜头可以在更加灵活的光照和配置条件下获得更高的图片分辨率和更少的失真。为了满足现代化的生产对检查速度的要求,在不损失图像质量的前提下需要更大的视野范围(FOV)。采用工业用的400万像素相机,可以在一张高分辨率的照片中涵盖近20 $cm^2$ 的范围。

(2) 光源模块

在AOI中,光源的选择和控制也十分重要。

① 光源的亮度越亮越好,选择合适的光源就意味着更高的缺陷检出率。灵活的光照是检查大量不同型号的电子元器件并发现其各种缺陷所必需的。近年来,各种形状和颜色的LED在AOI中得到了广泛应用,并成为标准配置。

② 多方向、多入射角,呈角度OCR的光源适用于检查焊接短路,降低误判率。能以高对比度显示激光标志,这是有效使用真正的OCR(光学字符识别)功能和极性检查的前提。检查PLCC和SOJ焊点的四周底部,必须配备呈一定角度入射光源的摄像机系统。

(3) 灯光变化的智能控制

对AOI来说,灯光是认识影像的关键因素,但光源受环境温度、AOI设备内部温度上升等因素影响,不能维持不变的光源,因此需要"自动跟踪"灯光的"透过率"对灯光变化进行智能控制,例如定期校准光照强度。

**2. 图像处理部分**

图像处理是AOI的关键技术。图像处理部分就好比AOI的大脑,通过光学部分获得需要检查的图像,并通过图像处理部分来分析、处理和判断。图像处理部分需要很强的软件支持,因为各种缺陷需要不同的计算方法,需用计算机进行计算和判断。

图6.5是欧姆龙公司采用"彩色高亮度"(Color Highlight)方式检查焊点的原理图。这种方式使用环形的RGB三色光,以不同的角度对需要检查焊点进行照射,然后使用彩色CCD镜头接受图像,进行分析。虽然产生的图像是二维的,但对不同的颜色对比进行分析后可以形成三维度的区域,红色代表平坦的部分,而绿色为两者之间的过渡。根据这种模式进行焊点分析不仅容易,编程也方便,而且可以覆盖几乎所有可能出现的故障。

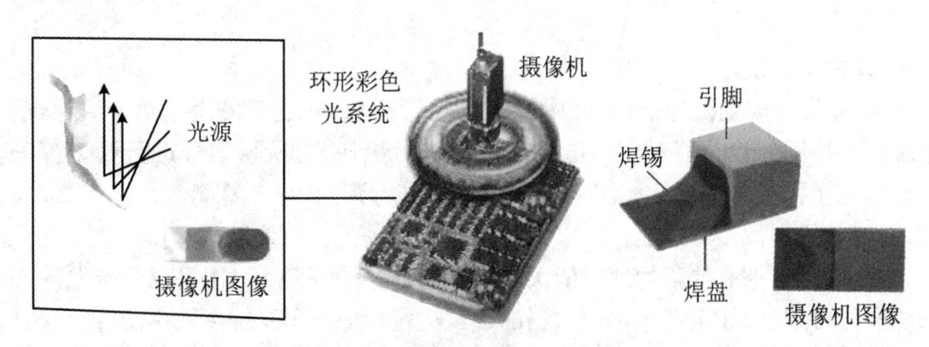


**图6.5 欧姆龙公司采用"彩色高亮度"方式检查焊点的原理图**

AOI系统用光学手段获取被测物图形,然后以某种方法进行检验、分析和判断。AOI系统主要由工作台、电气控制系统、CCD摄像系统、图像处理系统四大部分组成。

#### 6.2.2.2 AOI 技术的检测功能

在 SMT 中，AOI 技术具有 PCB 光板检测、焊膏印刷质量检测、元器件检验、焊后组件检测等功能。PCB 光板检测、焊后组件检测大多采用相对独立的 AOI 检测设备，进行非实时性检测。焊膏印刷质量检测、元器件检验一般采用与焊膏印刷机、贴片机相配套的 AOI 系统，进行实时性检测。例如，目前的高档焊膏印刷机一般均可通过配套的 AOI 系统，对焊膏的印刷厚度、印刷边缘塌陷状况等内容进行实时检测；中、高档贴片机一般都配有视觉系统，利用 AOI 技术对贴片头拾取的元器件进行型号、极性方位、对中状况、引脚共面性和残缺情况等内容的自动检测识别和处理。

PCB 光板检测主要是利用 AOI 技术对印制电路断线、搭线、划痕、针孔、线宽线距、边沿粗糙及大面积缺陷等设计、制造质量进行检测。焊后组件检测的基本内容有：PCB 有引线一面的引线端排列和弯折是否适当；PCB 贴装面是否有元器件缺漏、错误元器件、损伤元器件、元器件装接方向不当；装接的 IC 及分立器件型号、方向和位置是否有误；焊点质量检测；在 IC 器件上标记印制质量检测等。AOI 系统发现不良组件，一般会自动向操作者发出信号，触发执行机构，自动取下不良组件，进行缺陷分析和统计并向主计算机提供缺陷类型和发生频数。

焊膏印刷 AOI 系统主要组成部分为摄像机与光纤维 *X-Y* 工作台系统。在 *X-Y* 桌面安装摄像机，环状光纤维在 *X-Y* 方向移动，采集 PCB 整体的图像来进行检测。

焊膏印刷过程中，在模板与印刷电路紧贴的状态下，由刮板的移动将焊膏压入模板中，这时的焊膏几乎与模板的厚度相同，是平坦的，PCB 离开模板时焊膏的边缘形态发生变化。

焊膏自动检测系统利用环状光纤维与环状反射板将倾斜的光照射到焊膏上，摄像头从环状光纤维的正方摄像，测出焊膏的边缘部分，算出焊膏的高度。这是一种把形态转化为光的变化进行判定的检测方法。在正常的印刷场合，边缘部分多少会产生一些隆起，这个部分有对从斜面投射过来的光发生强烈的反射的特点。该检测方法利用焊膏边缘部分反射回来的光线宽度，来进行焊膏桥接与焊膏环状等现象的判定，由斜面照射回来的 PCB 表面的光将呈现暗淡的画像。

### 6.2.3 AOI 系统构成

**1. PCB 检测系统**

它以 AOI 设计规则法为基础，又附加了比较检测功能，设备采用了两个摄像镜头。检测子系统用一维图像传感器对印制电路的图形进行摄像，对所得信号进行校正、高速 A-D 变换处理后送至控制子系统。控制子系统对缺陷进行判断，并令检测台前、后、直线移动进行扫描，以使一维图像传感器能得到二维的图形输出信号。检测结果可实时在 PCB 有缺陷的地方做标记，也可把有缺陷的地方依次放大，并在监视器上显示，用目视就能进行核对。

系统操作可通过 CRT 显示器以对话的形式进行。输出子系统由数字图像监视器、实体图像监视器、打印机和同步示波器等组成。系统可将缺陷位置的数字化彩色图像和实体图像分别显示在监视器上，同时打印输出，还可以用同步示波器观测图像信号和数字化的限幅电平等图形。该类检测设备的检测速度最高可达到每分钟数米，最小像素尺寸可为微米级，可检测的最小线宽线间距可至几十微米。

**2. AOI 编程**

AOI 编程前首先需要一块焊接完的板卡作为标准板。先将标准板放在 AOI 中并设置 PCB 尺寸参数进行扫描，再设置标记点，然后对标准板上所有的元件和焊点编程（编制测试数据），最后优化镜头。编程结束后用一个文件名将这块标准板的程序保存在程序库中作为标准板程序。这时还需要使用 20～30 块焊接完的板卡对已经编好的程序进行调试和学习。正常检查时，机器自动与标准板程序进行比较，并把不合格的部分作标记或打印出来。测试过程中可能会由于原件批次不同、元件外观与示教好的元件外观不同而发生误报，因此，更换元件时应对标准板程序做简单测试。

AOI 编程可通过 CAD 转换很容易地将 PCB、元件的坐标、物料编码等信息输入软件。AOI 具有强大的数据库，编程时可以通过库操作或自定义的方法编制各种数据。编程的方法有在线编程和离线编程两种。

① 在线编程需要在 AOI 设备上输入元件位置和物料编码等信息。元件位置可以直接输入 $X$、$Y$ 坐标值及角度，也可以通过 CCD 摄像或扫描，如同贴片机编程输入元件的 $X$、$Y$ 坐标及角度值；然后编制该元件可能发生的各种缺陷的检查数据；最后用检查框框住元件和焊点，输入物料编码，各种缺陷的门槛值上限、下限等信息。在线编程需要占用 AOI 机时，会影响检查效率。

② 离线编程需要利用离线编程的软件，在计算机上进行编程，能够提高 AOI 的利用率。

**3. 基于图像比较的焊点 AOI 系统**

基于图像比较的焊点 AOI 的原理是：利用光学摄像机获取被测焊点三维图像，经数据化处理后与标准焊点图像进行比较并判断、确定出故障或缺陷的类别、位置。这是一种较新的检测技术，日本已开发出相关的检测设备。

### 6.2.4 AOI 应用策略及检测标准

**1. AOI 的应用**

① AOI 放置在印刷后。可对焊膏的印刷质量做工序检查。可检查焊膏量过多、过少，焊膏图形的位置有无偏移，焊膏图形之间有无连桥、拉尖，焊膏图形有无漏印。

② AOI 放置在贴装机后、焊接前。可检查元件贴错、元件移位、元件贴反（如电阻翻面）、元件侧立、元件丢失、极性错误、贴片压力过大造成焊膏图形之间连桥等。

③ AOI 放置在回流焊炉后。可做焊接质量检查。可检查元件贴错、元件移位、元件贴反（电阻翻面）、元件丢失、极性错误、焊点润湿度、焊锡量过多、焊锡量过少、漏焊、虚焊、桥接、焊球（引脚之间的焊球）、元件翘起（竖碑）等焊接缺陷。

检测设备所放置的位置可以实现或阻碍检查目标，不同的位置可产生相应不同的程控信息。一般说来，实施 AOI 的目标是要改进全面的最终品质，所以把设备放在过程的前面可能没有放在后面的价值大。把设备放在前面是因为在过程的早期维修缺陷的成本大大低于发货前的维修成本。可是，许多缺陷是在生产的后期出现的，这意味着不管前面发现多少缺陷，发货前还是需要全面的视觉检查。与其他测试技术相比，AOI 技术十分方便灵活，可用于生产线上的多个位置，其中有三个检查位置是主要的。

① 锡膏印刷后。检查在锡膏印刷之后进行，可发现印刷过程的缺陷，从而将因为锡膏印刷不良产生的焊接缺陷降到最低。典型的印刷缺陷包括以下几点：焊盘上焊锡不足或过

多;印刷偏移;焊盘之间存在焊锡桥。在这个阶段可生成一些定量程控资料,如印刷偏移和焊锡量信息,而有关印刷焊锡的定性信息也会产生,供生产工艺人员分析使用,目前已经出现专用检测设备 AXI。

② 回流焊前。检查是在组件贴放在板上锡膏内之后和 PCB 被送入回流炉之前完成的。这是一个典型的检查位置,因为这里可发现来自锡膏印刷以及机器贴放的大多数缺陷。在这个位置可以产生定量程控信息,提供贴装设备校准的信息,该信息可用来修改组件贴放或表明贴片机需要校准。

③ 回流焊后。采用这种方案最大的好处是所有制程中的不良问题都能够在这一阶段检出,因此不会有缺陷流到最终客户手中。对多品种小批量产品生产而言,在回焊焊后放置 AOI 可能是更有效的一种策略。

**2. AOI 有待改进的问题**

① AOI 只能做外观检查,不能完全替代在线检测检查(ICT)。

② 无法对 BGA、CSP、倒装芯片等不可见的焊点进行检查。有些分辨率较低的 AOI 不能做 OCR 字符识别检查。



# 6.3 ICT 测试机

在线测试属于接触式检测技术,也是生产中最基本的测试方法之一。如果功能测试是一种黑盒测试的话,那么在线测试就是一种白盒测试。

## 6.3.1 ICT 测试基本原理

**1. 开路及短路(Open/Short)的测试原理**

ICT 提供一个直流电流源到两个测试点,以确认两个测试点之间的阻抗值,如表 6.1 所示。

**表 6.1 两测试针点之间的阻抗值**

| 阻抗值 | $X \leqslant 5\ \Omega$ | $5\ \Omega < X \leqslant 25\ \Omega$ | $25\ \Omega < X \leqslant 55\ \Omega$ | $X > 55\ \Omega$ |
| --- | --- | --- | --- | --- |
| 机器辨视值 | 0 | 1 | 2 | 3 |
| 屏幕显示值 | 1 | 1 | 3 | 4 |

计算机会把两测试针点之间的阻抗值分为四组。在开路/短路学习时,会将测试针点之间阻抗小于 25 Ω 的点自动聚集成不同的短路群(Short Groups),需学习的时间随着测试点数的增加而增加。

(1) 开路测试(Open Test)

在任一短路群中,任何两点之间的阻抗不得大于 55 Ω,否则即是开路测试不良(Open Fail)。

(2) 短路测试(Short Test)

短路测试分为三种情况，若有以下其中之一的情况发生，则判定为短路测试不良(Short Fail)：

① 在短路群中任意一点与非短路群中任意一点之间的阻抗小于 5 Ω。

② 在不同短路群中任意两点之间的阻抗小于 5 Ω。

③ 在非短路群中任意两点之间的阻抗小于 5 Ω。

**2. 电阻测试原理**

电阻测试模式如图 6.6 和表 6.2 所示。

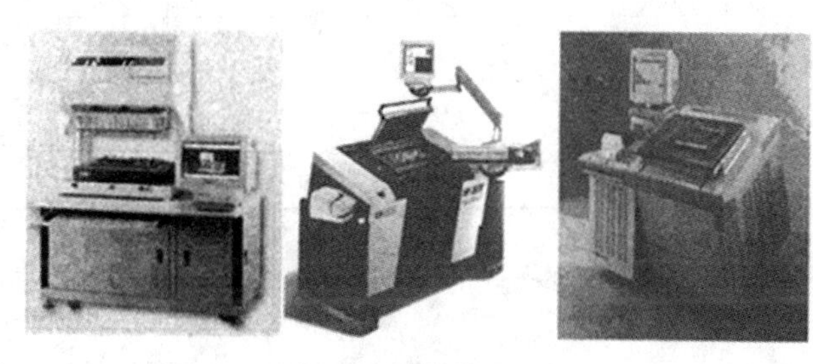

**图 6.6 电阻测试模式**

**表 6.2 电阻测试模式**

| 电　　阻 | 固定电流源模式 | 低固定电流源模式 |
|---|---|---|
| 1～299.99 Ω | 5 mA | 500 μA |
| 30～2.99 kΩ | 500 μA | 50 μA |
| 3～29.99 kΩ | 50 μA | 5 μA |
| 30～299.9 kΩ | 5 μA | 0.5 μA |
| 300～2.99 MΩ | 0.5 μA | 0.1 μA |
| 3～40 MΩ | 0.1 μA | |

(1) 固定电流源测试模式(Mode 0)

对于不同的电阻值，ICT 本身会自动限制一个适当的固定电流源作为测试的电源使用，如此才不会因使用者的选择不当而产生过高的电压、烧坏被测试组件，故其测试方式为：提供一个适当的固定电流源 $I$，再测试出 $U_r$，利用公式 $U_r=IR$，即可得出被测电阻 $R$ 值。

(2) 低固定电流源测试模式(Mode 1)

在被测电阻电路上若并联着二极管或是 IC 保护二极管时，因为二极管导电的关系，该电阻两端电压将被维持在 0.5～0.7 V 之间，故无法测试出真正的 $U_r$值。为解决此问题，只要将原先的电流源降低一级即可。

(3) 快速测试模式(Mode 2)

假如被测电阻并联一只 0.3 μF 以上的电容时，若使用上述固定电流源测试时，让电容充满电荷，将增加 ICT 测试时间。为解决此问题，可以将固定直流(DC)电流源改为 0.2 V DC 的固定电压源，直接接于被测电阻两端，其测试方式为：提供一个 0.2 V DC 的电压源，当 $I_C=0$ 时，再测试流经电阻端的 $I_r$，因为 $U=I_rR$，所以可得出电阻 $R$ 值。

(4) 交流相位测试模式(Mode3、Mode4、Mode5)

被测试电阻可能会并联着电感等组件,对于此电阻值测试,若使用固定电流源方式测试,电阻值将会偏低而无法测试出真正的电阻值,故使用交流(AC)电压源,利用相位角度的领先及落后方式而得知被测电阻值。其测试方式为:提供一个适当频率的 AC 电压源 $U$,同时在被测电阻两端测试出 $I_z$,由于 $U=I_zZ_{rl}$,而且 $U$ 及 $I_z$ 已知,故可得知 $Z_{rl}$。又因为 $R=Z_{rl}\cos\theta$,故可得知被测电阻 $R$ 值,见表 6.3。

**表 6.3 交流相位(ACphase)测试模式**

| 模 式 | 信 号 | 电 感($L$) | 电 阻($R$) |
|---|---|---|---|
| 3 | 1 kHz | 600 μH~60 H | 5 Ω~300 kΩ |
| 4 | 10 kHz | 60 μH~600 mH | 5 Ω~40 kΩ |
| 5 | 100 kHz | 6 μH~6 mH | 5 Ω~4 kΩ |

**3. 电容测试原理**

电容测试模式如图 6.7 所示。

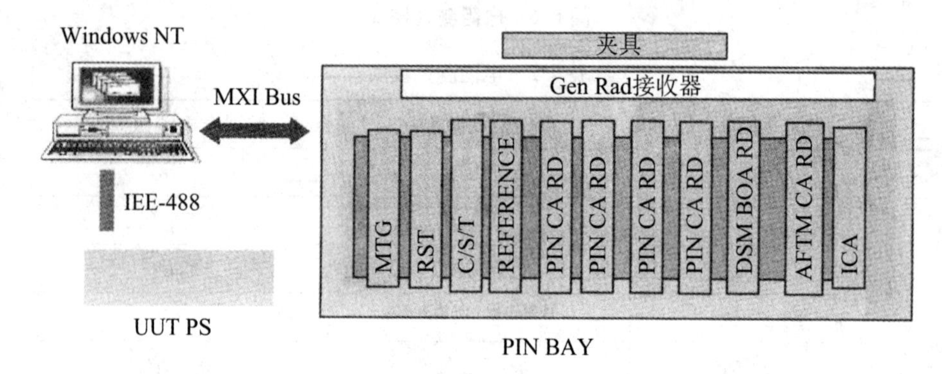


**图 6.7 电容测试模式**

MTG (MXI to GenRad Board,MXI 到印制板),RTC(Run Time Controller,实时控制器),C/S/T(Clock/Synchronus/Trigger board,时序板),REFERENCE 参考,DSM(Deep Serial Memory,堆栈存储器),AFTM(Analog Functional Test Module,模拟功能测试模块),ICA(In-Circuit Analog Module,在线模拟测试模块),Fixture 针床

(1) 固定 AC 电压源测试模式(Mode0、Mode1、Mode2、Mode3、Mode4)

对于不同阻抗的电容,ICT 本身会自动选择一个适当频率的 AC 电压源,作为测试使用,其频率有 1 kHz、10 kHz、100 kHz、1 MHz,对于极小阻抗值的电容将需要较高频率的 AC 电压源。然后测试被测组件的电流,由于 $U=I_CZ_C$,得知 $Z_C=1/(2\pi fC)$,故可得知电容值 $C$。

(2) AC 相位测试模式(Mode5、Mode6、Mode7)

若并联电阻,则利用相位角度的落后方式来测试阻抗值,其测试方式为:提供一个适当频率的 AC 电压源,并在被测组件两端测试出 $I_Z$,由于 $U=I_ZZ_{RC}$ 可得 $Z_{RC}$;又因 $Z_C=Z_{RC}\sin\theta$,可得 $Z_C$;又因 $Z_C=1/(2\pi fC)$,故可得知电容值 $C$。

(3) DC 固定电流测试模式(Mode4、Mode8)

对于 3 μF 以上电容值的电容,若使用上述 AC 电压源模式测试,将需要较低频率,并会增加 ICT 测试时间,故可利用电容充电曲线的斜率方式得知电容值。其测试方式为:提供一个固定的DC电流源，并在$T1$时间测试电容两端的$U1$值，在$T2$时间测试电容两端的$U2$值，由于斜率 Slope$=(U2-U1)/(T2-T1)=\Delta U/\Delta T$，故可知 Slope，又因 Slope$\times C=$ Constant，故可得电容值$C$。

**4. 电感测试原理**

电感测试模式所涉及的参数如表6.4所示。

**表6.4 电感测试模式涉及的参数**

| 调试模式 | 信号源 | 电 容 | 电 感 |
| --- | --- | --- | --- |
| 0 | 1 kHz | 1 pF～39.99 μF | 800 μH～60 H |
| 1 | 10 kHz | 1 pF～2.99 μF | 1 μH～799.99 mH |
| 2 | 100 kHz | 1 pF～29.99 nF | 1 μH～79.99 mH |
| 3 | 1 MHz | 1 pF～299.99 μF | 1～799.9 μH |
| 5 | 1 kHz | 1 pF～39.99 μF | 80 μH～60 H |
| 6 | 10 kHz | 1 pF～2.99 μF | 1 μH～799 mH |
| 7 | 100 kHz | 1 pF～29.99 nF | 1 μH～79.9 mH |
| 9 | 100 Hz | 3 nF～149.99 μF | |

**5. 二极管测试原理**

测试方式如下：提供一个3 mA或20 mA的固定电流及0～10 V可编程电压源(Progammable Voltage)，直接加在二极管两端，并输入该二极管正向导通所需电压来测试即可(见图6.8)。齐纳二极管的测试原理是测试其崩溃电压，与测试二极管的差异性在于测试电压源的不同，其电压源为0～1.0 V与0～4.8 V。

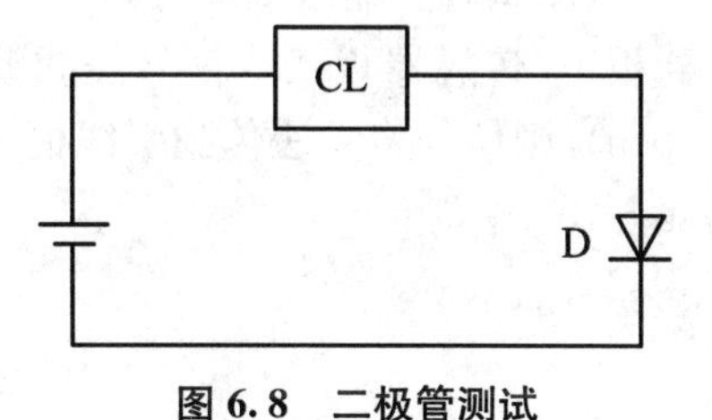


**图6.8 二极管测试**

**6. 晶体管测试原理**

晶体管的测试原理如图6.9所示。晶体管需要如下三步来测试：

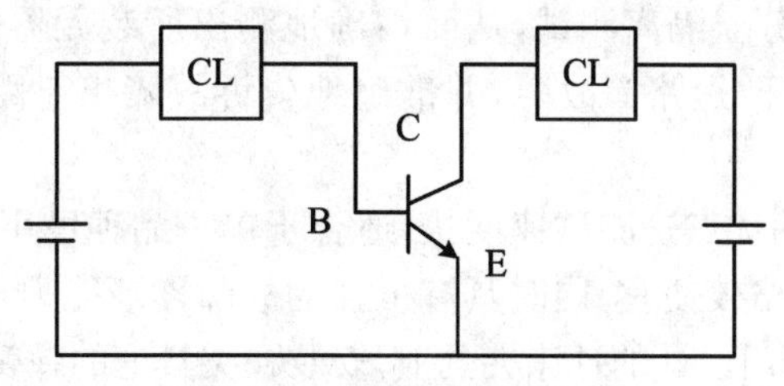


**图6.9 晶体管测试原理**

① B-E脚测试使用二极管测试方式。

② B-C脚测试也使用二极管测试方式。

③ E-C 脚测试使用 $V_{CC}$的饱和电压值及截止电压值的不同，来测试晶体管是否反插。晶体管反插测试方法为：在晶体管的 B-E 脚及 E-C 脚两端各提供一个可编程电压源，并测试出晶体管 E-C 脚正向的饱和电压值为 $U_{CE}=0.2$ V 左右，若该晶体管反插，则 $U_{CE}$电压将会变成截止电压，并大于 0.2 V，如此即可测出晶体管反插的错误。

FET 测试需要两步：D-S 脚间有二极管存在，可用一般二极管测试方式；类似晶体管的三点测试方式，在 G-S 脚及 D-S 脚各施加一可编程电压源（0～5 V），使 FET 导通而测得 $I_{DS}$。

**7. IC 测试原理**

ICT 对于 IC 组件的测试方式有 3 种，即 IC 保护二极管测试、Diode Check 测试和 Agilent Test-Jet 测试。

（1）IC 保护二极管测试原理

其方式和一般 Diode 测试一样，可以测试出 IC 的短路、开路、IC 反插及 IC 保护二极管不良等问题，其测试方式为：提供一个 10 mA 的固定电流及 2.7 V 可编程电压源直接加在二极管两端，并输入该二极管正向导通所需电压即可。

（2）Diode Check 测试原理

加一电压于 PinB，并检查 Clamping Diode 是否存在，加一电压于 PinA 并调整电压使 D4 关闭。若 PinB 连接良好，则可测得 Clamping Diode 存在；否则测不到 Clamping Diode 存在，表示 U1 并联脚 Open。

（3）Agilent Test-Jet 测试原理

IC 内部的主要结构为芯片本身（Die）、细小的金线（Bond Wire）、较粗的连接线（Lead Frame）及外接焊脚的接点（Solder Joint）。

在 IC 上盖一传感器板（Sensor Plate），则 IC 内引线框（Lead Frame）与传感器板之间会产生一微小电容效应，此时若在 IC 测试脚上输入 300 mV、10 kHz 的信号，则此信号透过电容效应，由引线框耦合到传感器板上，传感器板接收信号经滤波及放大后送给系统做处理；若此测试脚焊接不良（SolderOpen），则信号将无法传到引线框，系统接收到的信号将趋近于零。开路不良时，测试值约为 4.5 fF。

## 6.3.2 在线测试

**1. 在线测试机 ICT（In-Circuit Tester）**

在线测试时使用专门的针床与已焊接好的线路板上的元器件接触，用数百毫伏电压和 10 mA 以内的电流进行分立隔离测试，从而精确地测出所装元器件的漏装、错装、参数值偏差、焊点连焊、线路板开/短路等故障，并准确地告诉故障出于哪个元件或开/短路于哪个点。

针床式在线测试仪的优点是测试速度快，适合于单一品种民用型家电线路板极大规模生产的测试，而且主机价格较便宜，同时具有很强的故障诊断能力，所以被广泛使用。此方法通常将 SMA 放置在专门设计的针床夹具上，安装在夹具上的弹簧测试探针与组件的引线或测试焊盘接触，由于接触了板子上的所有网络，所以所有仿真和数字器件均可以单独测试，并可以迅速诊断出故障器件。但是随着线路板组装密度的提高，特别是细间距 SMT 组装及新产品开发生产周期越来越短、线路板品种越来越多，针床式在线测试仪存在一些难以克服的问题:测试针床夹具的制作、调试周期长,价格贵;对于一些高密度 SMT 线路板,由于测试精度问题而无法进行测试。

**2. ICT 在线测试机的功能**

ICT 的价值在于既能测试安装在 PCB 上的单个元件,也能测试 PCB 上的成组的元件。它不仅能剔除单独的不合格元件,还能测试出元件和电路的容差。一台典型的在线测试仪能够完成如下工作:

① 给 PCB 接通电源并使其运转。

② 挑出不合格的单个元件或成组的元件。

③ 使用信号发生器加上给定的输入信号。

④ 测试模拟和数字电路的输出,并将其与已知结果进行比较。

⑤ 对所发现的精确到引脚级的故障做出报告、图标或打印输出。

ICT 元器件缺陷检查能力如表 6.5 所示,通常 ICT 能检查的焊接缺陷如表 6.6 所示,ICT 测试机夹治具如图 6.10 所示。

**表 6.5 ICT 元器件缺陷检查能力**

| 贴装元器件 | 漏装 | 悬浮 | 极性 | 检 出 内 容 |
|---|---|---|---|---|
| 片状电阻 | ○ | ○ | — | 超过标称值容差时判为元器件不良,借助可解除铝壳的探针,可判断电解电容的极性 |
| 片式电容 | ○ | ○ | — | |
| 铝电解电容 | ○ | ○ | △ | |
| 电感线圈 | ○ | ○ | — | |
| 三极管 | ○ | ○ | ○ | 根据二极管导通电压,可判断极性;三极管与光耦的测定,分别在基极和 LED 上加偏置电压,根据动作状态判定 |
| 二极管 | ○ | ○ | ○ | |
| 光电耦合器 | ○ | ○ | ○ | |
| SOP/QFPIC | ○ | △ | △ | 1. 透过测定 $V_{CC}/V_{EE}$ 及 I/O 端脚电压进行判断<br>2. 增加 Frame/Wave Scan 功能 |
| SOJ/PLCCIC | ○ | △ | △ | |
| 连接器 | △ | △ | △ | 另配 Delta Scan 功能选件 |

注:○表示可判别;△表示可判别但需增加附加条件;—表示无该项目测试。

**表 6.6 通常 ICT 能检查的焊接缺陷**

| 缺 陷 名 称 | 是否测出 | 显 示 |
|---|---|---|
| 焊点桥连 | 是 | 显示焊点位置 |
| 焊锡量不足 | 否 | — |
| 焊点锡过量 | 否 | — |
| 空缺 | 是 | 显示焊点符号 |
| 虚焊 | 是 | 显示焊点符号 |
| 导线断线 | 是 | 显示焊点符号 |

**3. ICT 测试机介绍**

衡量 ICT 的五大要素为测试覆盖率、测试时间、稳定性、故障定位和信息反馈。

(1) 捷智的 GET-300 和德律的 TR-518F

捷智的 GET-300 线上测试机可测试电路板上的所有零件,检测出电路板产品的各种缺点,诸如线路短路、断路、缺件、错件、零件不良或装配不良等,并明确地指出缺点所在位置。

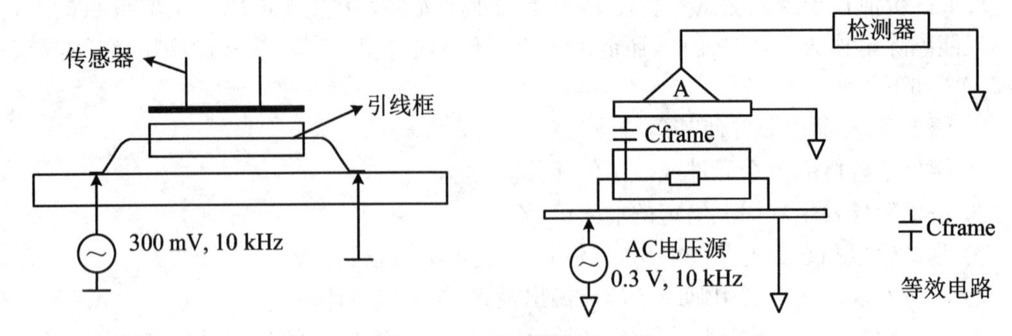


图 6.10 ICT 测试机夹治具

德律的 TR-518F 的特点如下:

① 应用 CMOS 切换技术,速度快且无使用寿命限制,针对电路板残留电荷及制程中的静电,具有自动放电保护功能。

② 应用 Test Jet Technology 技术,可检测 SMT 组件的开路、空焊及电容极性。

③ 自动学习开路、短路、Pin Information 及 IC 保护二极体自动隔离点选择功能,可自动选择信号源及信号流入方向,自动隔离效果可达 90%以上。

④ 可做 Crystal 频率测试,具备 1 MHz 信号源,可精确测试 1 pF 电容及 1 μH 电感;对电晶体、FET、SCR 等组件提供三点测试模式,并对 Photo-Coupler 提供四点测试模式;可测出组件反插的错误,具有 50%~60%的电容极性反插检测率;具备 Pin Contact Check 的功能,应用 ICC Lamping Diode 技术,检测 BGA 接脚开路及空焊问题。

⑤ 模组化设计,方便升级,可单压床、双压床、OFFLINE、INLINE 操作,可选用功能式切换电路板,以整合功能测试。

(2) Gen Rad2287 和 HP3070

Gen Rad2287 硬件结构如图 6.11 所示。

## 6.3.3 边界扫描测试

随着通信电子技术的发展,以及芯片、单板、系统的复杂度不断提高,体积不断缩小,测试的难度、成本、周期都在急剧增加。边界扫描测试技术就是在这种背景下应运而生的,并成为业界最成熟的 DFT 技术。通过采用边界扫描的测试技术,可以消除或极大地减少对电路板上物理测试点的需要,从而使得电路板布局更简单、测试夹具更廉价、电路中的测试系统耗时更少。除了可以进行电路板测试之外,在 PCB 贴片之后,利用边界扫描在电路板上可以对几乎所有类型的 CPLD 和闪存进行在线写入程序,这在生产中有着非常广泛的应用。

### 6.3.3.1 边界扫描测试的原理

IEET1149.1——边界扫描测试(Boundary Scan)是一种可测试结构技术,采用集成电路外围所谓的"电子引脚"(边界)模拟传统的在线测试的物理引脚,对器件内部进行扫描测试。它在芯片的 I/O 端上增加移位寄存器，把这些寄存器连接起来，加上时钟复位、测试方式选择，以及扫描输入和输出端口而形成边界扫描通道。IEEE1149.1 标准规定了一个四线串行接口(第五条线是可选的)，该接口称作测试访问端口(TAP)，用于访问复杂的集成电路，如微处理器、DSP、ASIC 和 CPLD 等。在 TDI(测试数据输入)引线上输入到芯片中的数据存储在指令寄存器中或一个数据寄存器中。串行数据从 TDO(测试数据输出)引线上输出。边界扫描逻辑由 TCK(测试时钟)上的信号计时，而且 TMS(测试模式选择)信号控制驱动 TAP 控制器的状态。TRST(测试重置)是可选项，可作为硬件重置信号，一般不用。

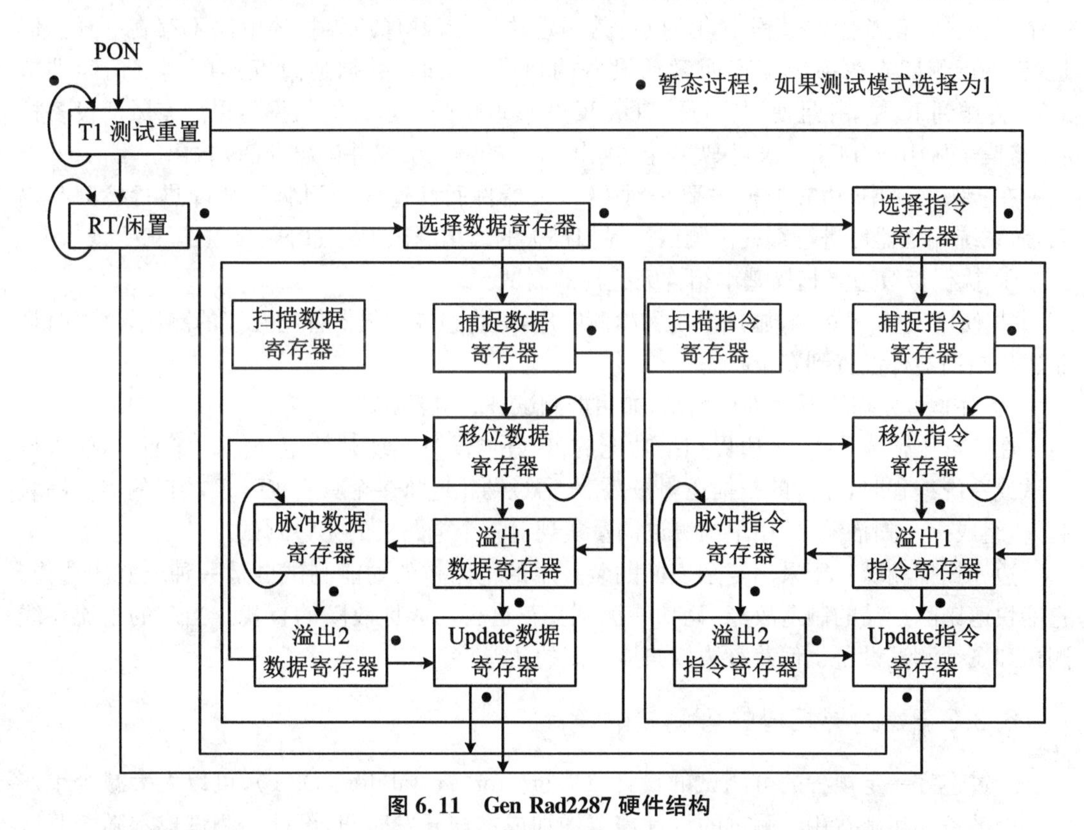


**图 6.11　Gen Rad2287 硬件结构**

一个最普通的边界扫描单元的结构如图 6.12 所示。在测试向量寄存器中，既有指令寄存器(IR)，又有数据寄存器(DR)，而且为了区分是指令还是数据，扫描链路中的状态图有两

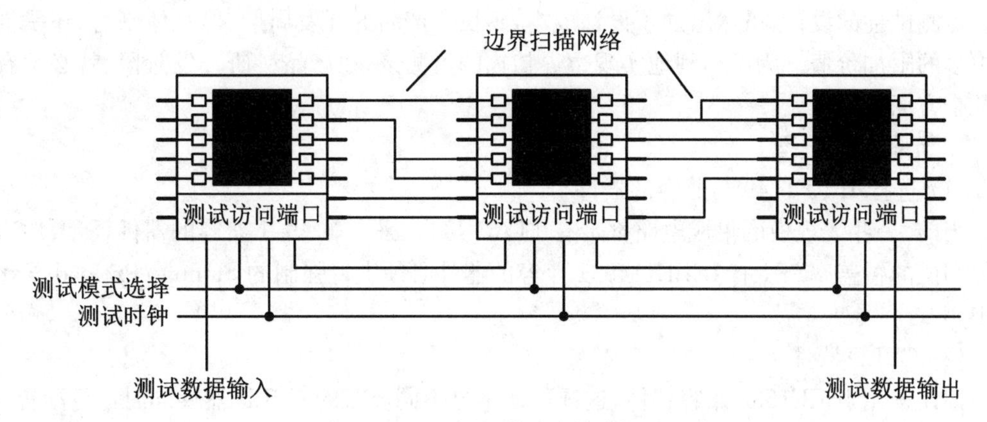


**图 6.12　边界扫描单元的结构图**

个独立的完全类似的结构(Scan DR/Scan IR)。测试操作最重要的步骤是移入和同步移出测试数据(DRSHIFT)。各种边界扫描单元是否有效,取决于是否实行测试或者得到激励。

#### 6.3.3.2 边界扫描在板级测试中的应用

边界扫描测试技术不仅应用于单个芯片测试,而且在板级测试领域有广泛的应用,在PCB上可串行互连多个可兼容扫描的IC,形成一个或多个边界扫描链,每一个链有自己的TAP。每一个扫描链提供电气访问,串行TAP接口到作为链的一部分的每一个IC上的每一个引线。在正常操作过程中,IC执行其预定功能,就好像边界扫描电路不存在一样。但是,当进行测试或在系统编程而激活设备的扫描逻辑时,数据通过互连的测试访问端口TAP传送到IC中,并且使用串行接口从IC中读取出来。这样的数据可以用来激活设备核心,将信号从引线TDI发送到PCB上,读出PCB的输入引线并读出TDO输出。

在板级测试中,边界扫描主要是对PCB上器件间互连线和引脚的故障进行检测和隔离,对系统编程器件进行编程。测试边界扫描板的通用测试策略如下:

① 执行板级边界扫描基本结构完整性的测试。

② 使用Extest指令,施加激励和检测响应,进行边界扫描器件间互连的测试,测试时将非边界扫描器件设置到安全状态。

③ 对非边界扫描器件进行测试,如集群测试、RAM测试等。

在正常工作模式中,带边界扫描功能的IC好像没有实现其特定功能。然而,当要进行测试或系统编程时,器件的扫描逻辑被激活,通过菊花链将多个具有JTAG接口的器件串联起来,组成一个扫描链,使用单组测试向量实现对整个电路板的完整测试。

边界扫描测试对于采用复杂表面贴装技术的电路板的功能测试也是一种较好的选择。它能快速剔除产品的制造故障,让功能测试真正进行功能性故障的查找。当前的主流在线测试和飞针测试设备也都兼有边界扫描测试的功能。



#### 6.3.3.3 边界扫描的可测试的设计

通过遵守一定规程的可测试的设计(Design for Testability,DFT),可以大大减少生产测试的准备和实施费用。测试的设计需要增加成本和开发时间,设计的测试成本随着测试级数的增加而加大,从在线测试到功能测试及系统测试,测试费用越来越大。如果跳过其中一项测试,所耗费用甚至会更大。一般的规则是,每增加一级,测试费用的增加系数是10倍。可测试性的设计,虽然增加了设计成本,延长了产品的开发周期,但总体来看,还是创造了更多的附加价值。为了顺利地实现边界扫描的可测试,在产品科研开发阶段,就必须有以下几个方面的考虑。

**1. 元器件的选型**

(1) 选择IEEE1149.1兼容的器件

当前,一些大规模的集成电路都带有JTAG接口,采用1149.1兼容的器件,能增加边界扫描测试的覆盖率。所有IEEE1149.1兼容的器件必须支持强制的Sample/Preload、Extest和Bypass指令。

(2) CPLD器件

建议采用IEEE1532兼容器件,这样可使来自不同厂家的CPLD器件同时进行配置。

(3) 双功能的JTAG端口

尽量避免选择带双功能JTAG端口的器件。这些器件的双功能引脚在上电时默认为内核功能模式，通过预定义的JTAG使能引脚，将双功能引脚切换到JTAG模式时，在进行板级边界扫描之前必须确认能够访问和控制JTAG使能端。

**2. 扫描链布局**

(1) JTAG控制信号的连接

TCK、TMS和可选的TRST并行连接，TDI、TDO信号将边扫描器件组成一个菊花链。

(2) 边缘连接器

尽可能将边界扫描链连接到边缘连接器，这样可不需要针床，避免因不清洁导致的接触不良，有利于背板环境下的系统级访问。如果实在不行，则应设法使相应的具体测试引线脚可以接触(如测试数据输入TDI、测试数据输出TDO、测试钟频TCK和测试模式选择TMS，以及可选项TRST测试复位)。

(3) 分区

为了满足第三方调试/仿真工具的要求，有些器件(如DSP)必须位于同一个分离链中。为了使不同的FPGA和PLD厂商的芯片能在系统配置软件工具中实现与各自器件建立良好通信，不同公司的器件必须位于不同链中，不同的逻辑系列器件(如CL/TTL)放在不同的链中。在系统环境中，提供到背板接口的器件应进行分区，这有利于进行板到板互连测试时优化测试向量的执行。

(4) 高速的JTAG应用

如SDRAM测试、FLASH编程等，TCK的速度高于10 MHz，建议使用一个阻抗匹配的RC网络端(通常采用60～100 Ω的电阻和100 pF的电容串接)，所有其他的输入使用一个弱的上拉电阻(10 kΩ)。为了抑制反射，在菊花链的最后一个TDO引脚串接一个22 Ω的电阻。

(5) 旁路电阻

通过放置一个0 Ω的旁路电阻，可实现对边界扫描器件的物理旁路。有时由于上市时间的压力，边界扫描器件并未实现其功能和对其进行测试，如果它是扫描链中的一部分，则将导致电路板上该链中的剩余器件无法进行边界扫描测试。这时可以使用旁路电阻对单个器件和多个器件进行旁路。

(6) 缓冲

最好对进入的板上所有IEEE1149.1输入信号进行缓冲，以保证信号的完整性，特别是TCK和TMS。一个通用的规则是，如果电路板线的长度相对较短，74244型缓冲器可扇出4～6个器件；如果缓冲器和边界扫描器件间的导线较长(大于10 cm)，建议一个缓冲器扇出1～2个器件。

**3. 对非边界扫描元器件的控制**

(1) 对非边界扫描逻辑控制信号的访问

为了防止测试时因信号竞争导致的器件损坏或测试不可靠，非边界扫描器件的控制信号必须连到边界扫描单元，以实现对该器件的非使能控制。

(2) 对时钟信号的控制

有时需要对同步存储器读写的时钟信号进行控制，用测试时钟替代或将时钟关断。对连接器的测试，可将连接器的引脚接至边界扫描器件的扫描单元，通过在连接器上外接的短接器实现直通测试。

#### 6.3.3.4 设备介绍

JTAG优化用户测试策略和测试流程，加强了客户对复杂产品的生产测试和现场维修测试能力，提高了可测试性设计水平。

JTAG平台功能有：JTAG扫描链路分析测试、BS器件安装检查、电路板DFT设计检查、电路板工艺互连测试、故障定位诊断、非BS引脚扩展测试、物理接口测试、电路板可靠性验证、CLUSTER逻辑功能验证、ASIC芯片功能验证、信号采样调试、CPU读写调试、FLASH加载、存储器测试、FPGA/EPLD编程。

① 集成各种电路板级/系统级工艺测试诊断、ISP编程、开发调试功能。

② 提供开放的工业级标准脚本开发语言，支持针对非BS器件的二次开发能力，支持开发工程师根据需要开发自己的交互测试功能，降低开发复杂程度，降低测试开发成本。

③ 支持多电路板系统的互连测试需求，支持多扫描链路自动切换。

④ 提供各种高性能的硬件配置，支持多工作频率硬件卡配置（支持的最高频率达100 MHz），支持多类型的数据总线PCI/USB/PPT/ETHERNET等。

⑤ 支持逻辑功能自学习功能，提供逻辑设计观察和引脚触发调试验证手段。

⑥ 兼容其他开发测试工具，提供各种标准数据接口，支持不同格式的网表文件、BSDL文件、SVF文件、PLD配置文件等CAE/CAD数据接口。

⑦ 测试自动化程度高，根据不同的测试算法自动生成测试矢量（ATPG）。

⑧ 结构化软、硬件模块架构，通用性强，测试项容易移植，资源共享能力强。



## 6.4 X射线测试机

### 6.4.1 X射线测试

X射线（X-Ray）具备很强的穿透性，X射线透视图可以显示焊点厚度、形状及品质的密度分布；能充分反映出焊点的焊接品质，包括开路、短路、孔、洞、内部气泡及锡量不足，并能做到定量分析。X射线测试机就是利用X射线的穿透性进行测试的。

**1. X光测试的能力**

图6.13为X-Ray测试机在线的摆放图。X光测试的能力包括如下几个方面。

① 工艺过程缺陷的高覆盖率（典型的为97%），测试开发时间短（短至2～3 h）。减少了ICT和功能测试的缺陷。

② 所找出的缺陷是其他测试所不能可靠发现的，包括空洞（Voiding）、焊点形状差、冷焊锡点和锡膏厚度。

③ 自动化系统设计在线使用，具有一次过测试单面板或双面板的能力。

④ 降低原型实验成本，潜在地改进测试时间，使用X光的测试开发时间短，不要求夹具。改进原型阶段测试的覆盖率，可得到较少缺陷的电路板。

**2. X光系统的不同类型**

X光系统可简单地分成手工（Manual）与自动（Automated）系统，透射（Transmission）与截面(Cross Sectional)系统。透射系统对单面板是好的,但在双面板时有问题。截面X光系统,本质上为锡点产生一个医疗的X体轴断层摄影扫描,适用于测试双面或单面电路板,但比透射系统的成本更高。表6.7说明了不同类型X光系统的优点和缺点。

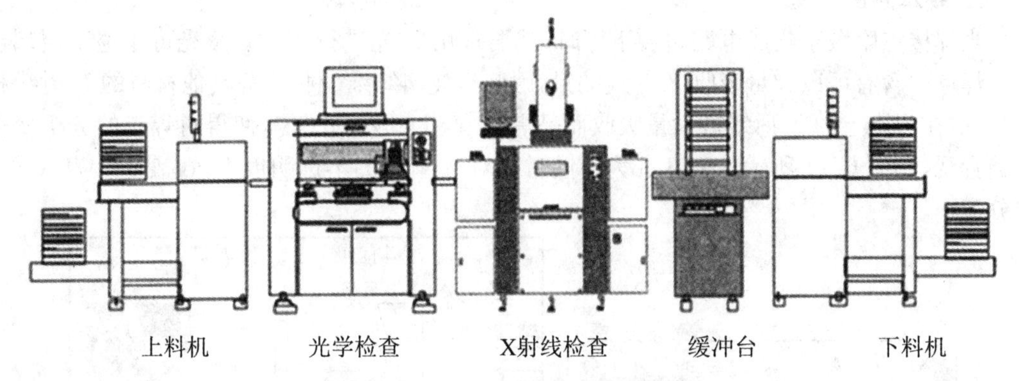


**图6.13 X-Ray测试机在线的摆放**

**表6.7 不同类型X光系统的优点和缺点**

| | 自　动 | 手　工 |
|---|---|---|
| 截面成像 | 优点:<br>① 对单面和双面PCB(A)都好;<br>② 最高测试覆盖率;<br>③ 全自动,高产量;<br>④ 测试决定不是主观的;<br>⑤ 设计用于100%的电路板测试;<br>⑥ 相当于ICT较低的原型测试;<br>⑦ 很高的可重复性和可靠性;<br>⑧ 测试数据对过程改进和控制有用;<br>缺点:<br>① 成本高;<br>② 要求技术人员对系统编程操作熟练 | 优点:<br>① 对单面和双面PCB(A)都好;<br>② 成本中等;<br>③ 灵活性好,使用简单;<br>缺点:<br>① 处理速度慢;<br>② 决定主观,依靠使用者的技术与经验来解释;<br>③ 决定通常不可重复(由于是主观的);<br>④ 只做板的点检查(多数情况);<br>⑤ 劳动强度大(特别是检查所有的板)<br>注:对一个典型的手工系统,使用者手工控制阶段有移动板、旋转板的角度和查找缺陷与问题 |
| 投射 | 优点:<br>① 对单面PCB好;<br>② 在单面板上最高测试覆盖率;<br>③ 全自动,设计用于在线;<br>④ 高产量;<br>⑤ 相当于ICT较低的原型测试;<br>⑥ 测试决定完全自动,不是主观的;<br>缺点:<br>① 不能有效地处理双面板;<br>② 要求技术人员对系统编程操作熟练 | 优点:<br>① 对单面PCB(A)好;<br>② 是X光系统中成本最低的;<br>③ 灵活性好,使用简单;<br>缺点:<br>① 不能有效地处理双面板;<br>② 处理速度慢;<br>③ 决定主观,取决于使用者的技术与经验来解释;<br>④ 决定通常不可重复,只做板的点检查(多数情况);<br>⑤ 劳动强度大(特别是检查所有的板) |

## 6.4.2 X射线基本测试原理

**1. 基本测试原理**

当焊接点隐藏于集成电路包装下面时，就要求用X光进行测试。X光可渗透IC包装，由于焊点中含有可以大量吸收X射线的铅，因此与玻璃纤维、铜、硅等其他材料的X射线相比，照射在焊点上的X射线被大量吸收而呈黑点，产生良好的图像，使得对焊点的分析变得相当直观，如图6.14所示。表6.8为不同材料对X射线的不透明度系数，表6.9为X-Ray的分辨率。

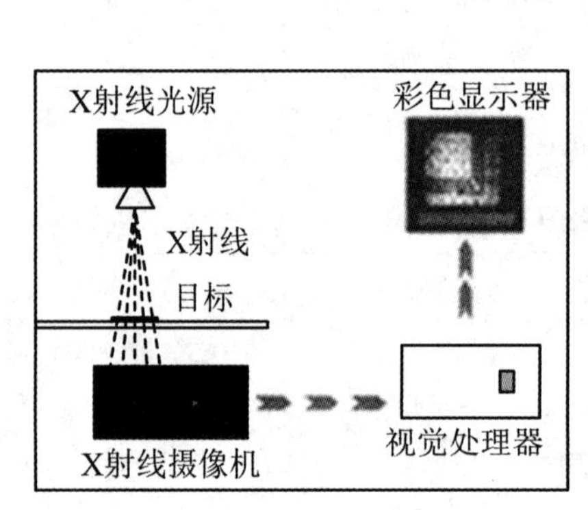


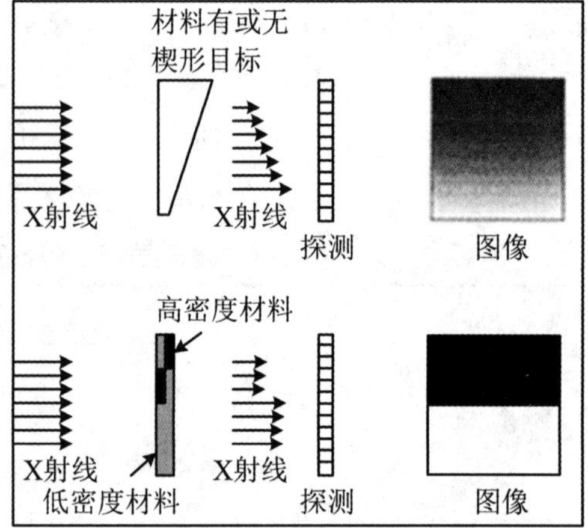


**图6.14 X射线测试**

**表6.8 不同材料对X射线的不透明系数**

| 材 料 | 用 途 | X射线不透明系数 |
|---|---|---|
| 塑料 | 包装 | 极小 |
| 金 | 芯片引线键合 | 非常高 |
| 铅 | 焊料 | 高 |
| 铝 | 芯片引线键合，散热片 | 极小 |
| 锡 | 焊料 | 高 |
| 铜 | PCB印制板 | 中等 |
| 环氧树脂 | PCB基板 | 极小 |
| 硅 | 半导体芯片 | 极小 |

**表6.9 X-Ray的分辨率**

| X-Ray具备的分辨率(μm) | 用 途 |
|---|---|
| 50 | 整体缺陷检查 |
| 10 | 一般PCB检测与质量控制，BGA检测 |
| 5 | 细间距引线与焊点检测，微米级BGA检测，倒装片检测，PCB缺陷分析与工艺分析 |
| 1 | 键合裂纹检测，微电路缺陷检测 |

**2. X 射线分层法**

3D X-Ray 技术除了可以检验双面贴装线路板外，还可以对那些不可见焊点(如 BGA 等)进行多层图像的“切片”检测，即对 BGA 焊接连接处的顶部、中部和底部进行逐层检验。3D X 光(X 射线分层法)原理如图 6.15 所示，分层的 X 光束以一个角度穿过板。感应器直接在板的结构下、在视觉范围内，但偏移来截止以某一角度射入的 X 射线束。

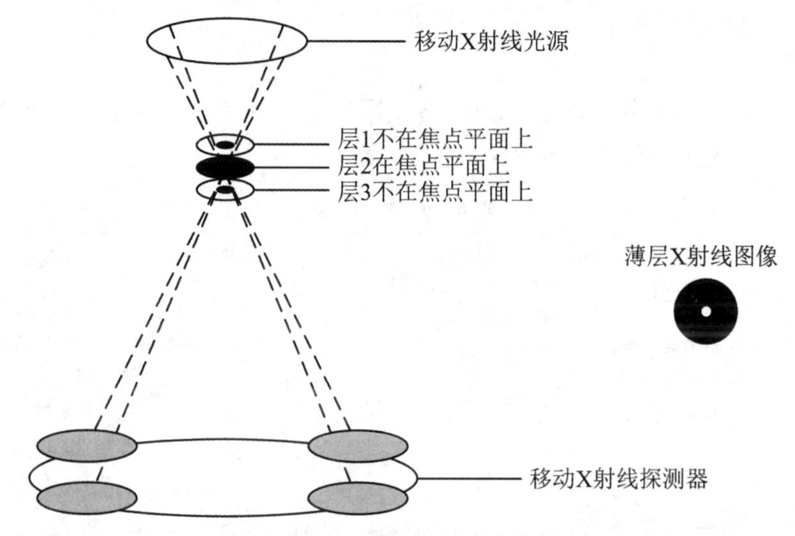


**图 6.15　X 射线分层法的原理**

在成像的过程中，感应器和光源两者都绕同一轴转动穿过视觉区(Field of View, Fov)。图像模糊时引起在图像面的结构显得静止，而图像面上(或下)的物体在圆周运动中快速移动，看上去不聚焦，迅速从视野中消失。这个现象类似于“穿过”飞机旋转的螺旋桨。基于得到图像的细节，计算机算法可决定焊点圆角的确切形状，也可计算焊锡量。

**3. X-Ray 检测中的一些常见不良现象**

图 6.16 为 X-Ray 检测中的一些常见不良现象。

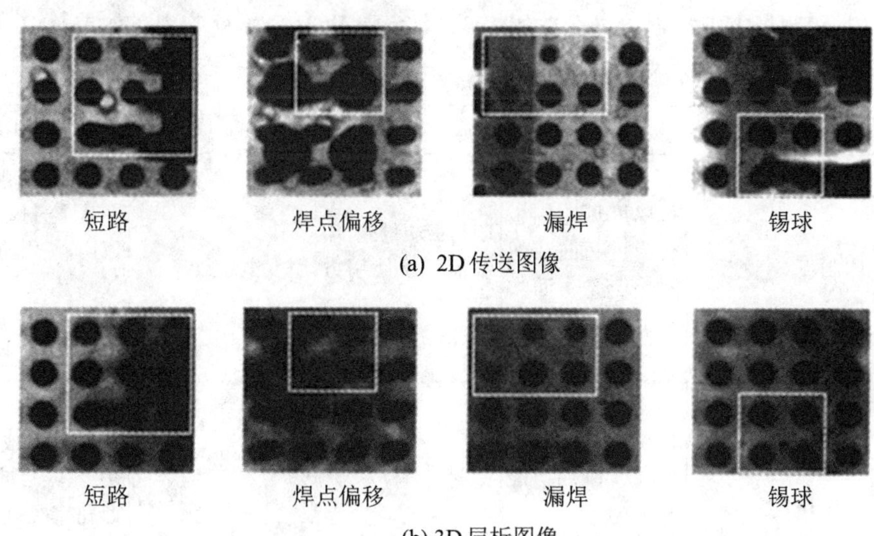


**图 6.16　X-Ray 检测中的一些常见不良现象**

# 6.5 SMT检测方法

## 6.5.1 质检控制

为了保证SMT设备的正常运行，加强各工序的加工工件质量检查，从而监控其运行状态，通常在一些关键工序后设立质量控制点，如表6.10所示。

表6.10 质量检测

| 项 目 | PCB检测 | 丝印检测 | 贴片检测 | 回流焊接检测 |
|---|---|---|---|---|
| 检查内容 | ① 印制板有无变形；<br>② 焊盘有无氧化；<br>③ 印制板表面有无划伤 | ① 印刷是否完全；<br>② 有无桥接；<br>③ 厚度是否均匀；<br>④ 有无塌边；<br>⑤ 印刷有无偏差 | ① 元件的贴装位置情况；<br>② 有无掉片；<br>③ 有无错件 | ① 元件的焊接情况，有无桥接、立碑、错位、焊料球、虚焊等不良焊接现象；<br>② 焊点的情况 |
| 检查方法 | 依据检测标准目测检验 | 依据检测标准目测或借助放大镜检验 | 依据检测标准目测或借助放大镜检验 | 依据检测标准目测或借助放大镜检验 |

## 6.5.2 检测标准

### 1. PCB检验

PCB目检检验规范引用标准为JIS-C-6481，印制电路板为敷铜箔层压板，检验方法为JIS-C-1052，印制板人工视觉检查标准如表6.11所示，PCB目检检验规范如表6.12所示。

表6.11 印制板人工视觉检查标准

| 序 号 | 缺陷类型 | 检查方法 | 主要原因 | 危 害 | 预防处理措施 |
|---|---|---|---|---|---|
| 1 | 印制板严重变形 | 目视可见印制板已严重翘曲或扭曲，变形量远大于1% | 印制板质量差，印制板保管使用方法不当 | 引发电路故障 | 要求将印制板翘曲度控制在1%以内，使用前印制板在热风箱内加温加压，以稳定尺寸、释放应力 |
| 2 | 焊盘内或其边缘有通孔 | 目视可见印制板焊盘内或其边缘有通孔 | 印制板设计不当 | 易使焊料从通孔流失，产生虚焊，并影响锡焊膏印制 | 不要将通孔设计在焊盘上或焊盘边缘，或尽量缩小通孔直径使其不会造成焊料流失 |

续表

| 序　号 | 缺陷类型 | 检查方法 | 主要原因 | 危　害 | 预防处理措施 |
| --- | --- | --- | --- | --- | --- |
| 3 | 焊盘内有字符、图形等标志 | 目视可见焊盘内有丝印的字符、图形等标志 | 印制板设计或字符印制不当 | 焊点畸形、虚焊 | 简化缩小字符、图形等标志，用工具去除焊盘上的一切标志 |
| 4 | 阻焊膜覆盖焊盘 | 目视可见焊盘上有阻焊涂层 | 阻焊膜制作工艺失控 | 虚焊，开路 | 涂覆阻焊剂时，不允许阻焊剂沾染焊盘，用工具去除焊盘上的阻焊膜 |
| 5 | 没有任何基准标志 | 目视可见印制板上没有任何基准标志 | 印制板设计不当 | 影响锡焊膏印刷和贴片精度 | 在细间距焊盘及其印制板上设计基准标志 |
| 6 | 基准标志脱落 | 目视可见印制板上的基准标志已脱落 | 标志涂镀不牢固 | 影响锡焊膏印刷和贴片精度 | 改进标志制作工艺，人工修补基准标志 |
| 7 | 印制板上没有专用测试点 | 目视可见没有专用测试点焊盘(如可焊性测试、表面绝缘电阻测试、针床测试等) | 设计时未考虑电路可测试问题所致 | 使得电路板测试困难，甚至无法测试 | 采用可测试设计方法，为电路测试设计专用的测试点焊盘 |
| 8 | 工艺夹持边内有元件焊盘 | 目视可见印制板工艺夹持边内有元件焊盘图形或测试点焊盘图形 | 电路设计不当 | 影响表面安装过程中印制板的夹持、贴片、测试和安装 | 工艺夹持边内不要设计元件，焊盘和测试点焊盘 |
| 9 | 焊盘直通连接 | 目视可见印制板焊盘之间、焊盘与通孔及测试点之间为直接相连，无阻焊膜 | 电路板设计不当 | 焊点焊料减少，虚焊 | 将直通连接改为引出细导线连接 |
| 10 | 焊盘图形误差大 | 焊盘与元件引脚(焊端)对比可见焊盘间距与元件引脚(焊端)间距不对应 | 焊盘设计不当 | 焊点畸形、虚焊短路、开路 | 焊盘尺寸应不小于元件焊端尺寸，焊盘间距应与元件引脚(焊端)间距对应 |
| 11 | 焊盘氧化严重 | 目视可见焊盘表面无金属光泽、粗糙、灰暗 | 印制板制造、存储、运输、使用不当 | 降低印制板的可焊性，产生虚焊和焊料球 | 改善印制板的制造、存储、运输、使用条件，缩短储存周期和开封时间 |

续表

| 序　号 | 缺陷类型 | 检查方法 | 主要原因 | 危　害 | 预防处理措施 |
| --- | --- | --- | --- | --- | --- |
| 12 | 印制板边缘不整齐 | 目视可见印制板外边有毛刺,切割边与切割未对齐 | 印制板切边工艺失控 | 影响印制板的安装和定位精确度 | |
| 13 | 印制板表面污染 | 目视可见印制板表面有污染 | 印制板制造、储存运输、使用不当引起 | 影响印制板的定位精度和焊点质量 | 对有表面污染的印制板进行溶剂清洗 |

**表 6.12　PCB 目检检验规范**

| | 序　号 | 类　型 | 说　明 |
| --- | --- | --- | --- |
| 线路部分 | 1 | 断线 | ① 线路上有断裂或不连续的现象;<br>② 线路上断线长度超过 10 mm,不可维修;<br>③ 断线处在 PAD 或孔缘附近(断路处在 PAD 或孔缘远小于或等于 2 mm,可维修。断路处离 PAD 或孔缘大于 2 mm,不可维修);<br>④ 相邻线路并排断线,不可维修;<br>⑤ 线路缺口在转弯处断线(断路处在转弯处小于或等于 2 mm,可维修。断路处离转弯处大于 2 mm,不可维修) |
| | 2 | 短路 | 两线间有异物导致短路,可维修;内层短路不可维修 |
| | 3 | 线路缺口 | 线路缺口未过原线宽的 20%,可维修 |
| | 4 | 线路凹陷和压痕 | 线路不平整,把线路压下去,可维修 |
| | 5 | 线路沾锡 | 线路沾锡(沾锡总面积小于或等于 30 $mm^2$,可维修;沾锡面积大于 30 $mm^2$,不可维修) |
| | 6 | 线路修补不良 | 补线偏移或补线规格不符合原线路尺寸 |
| | 7 | 线路露铜 | 线路上的防焊脱落,可维修 |
| | 8 | 线路撞歪 | 间距小于原间距或有凹口,可维修 |
| | 9 | 线路剥离 | 铜层与铜层间已有剥离现象,不可维修 |
| | 10 | 线距不足 | 两线间距缩减不可能超过 30%,可维修;超过 30%不可维修 |
| | 11 | 残铜 | ① 两线间距缩减不可超过 30%,可维修;<br>② 两线间距缩减超过 30%,不可维修 |
| | 12 | 线路污染及氧化 | 线路因氧化或受污染而使部分线路变色、变暗,不可维修 |
| | 13 | 线路刮伤 | 线路因刮伤造成露铜者,可维修,没有露铜则不视为刮伤 |
| | 14 | 线细 | 线宽小于规定线宽的 20%,不可维修 |

续表

| | 序　号 | 类　型 | 说　　明 |
|---|---|---|---|
| 防焊部分 | 1 | 色差 | 标准:上下两级,板面油墨颜色与标准颜色有差异,可对照表,判定是否在允收范围内 |
| | 2 | 防焊空泡 | 防焊空泡是指油墨覆盖区域与铜面分离,严重者油墨直接脱落,防焊前处理印刷、预烤、曝光、显影、后烤中某一环节均可导致防焊空泡 |
| | 3 | 防焊露铜 | 绿漆剥离露铜,可维修 |
| | 4 | 防焊刮伤 | 防焊因刮伤造成露铜或见底材者,可维修 |
| | 5 | 防焊 ONPAD | 零件锡垫 &BGA、PAD&ICT、PAD 沾油墨,不可维修 |
| | 6 | 修补不良 | 绿漆涂布面积过大或修补不完全,长度大于 30 mm,面积大于 10 $mm^2$ 及直径大于 7 mm 的圆,不可允收 |
| | 7 | 沾有异物 | 防焊夹层内夹杂其他异物,可维修 |
| | 8 | 油墨不均 | 板面有积墨或高低不平而影响外观,局部轻微积墨不需维修 |
| | 9 | BGA 的 Via Hole 未塞油墨 | BGA 要求 100%塞油墨 |
| | 10 | Via Hole 未塞油墨 | Card Bus Connector 处的 ViaHole 需 100%塞孔,检验方式为背光下不可透光 |
| | 11 | Via Hole 未塞孔 | Via Hole 需 95%塞孔,检验方式为背光下不可透光 |
| | 12 | 沾锡 | 不可超过 30 $mm^2$ |
| | 13 | 油墨颜色用错 | 不可维修 |
| 贯孔部分 | 1 | 孔塞 | 零件孔内异物造成零件孔不通,不可维修 |
| | 2 | 孔破 | 环状孔破造成孔上下不通,不可维修,点状孔破,不可维修 |
| | 3 | 零件孔内绿漆 | 零件孔内被防焊漆、白漆残留覆盖,不可维修 |
| | 4 | NPTH | NPTH 孔做成 PHT 孔,可维修 |
| | 5 | 空漏锁,多锁 | 不可维修 |
| | 6 | 孔偏 | 孔偏出 PAD,不可维修 |
| | 7 | 孔大,孔小 | 超过规格误差值,不可维修 |
| | 8 | BGA 之 Via Hole | 不可维修 |
| 文字部分 | 1 | 文字偏移 | 文字偏移,覆画到锡垫,不可维修 |
| | 2 | 文字颜色不符 | 文字颜色印错,不可维修 |
| | 3 | 文字重影 | 文字重影尚可辨识,可维修 |
| | 4 | 文字漏印 | 文字漏印,不可维修 |
| | 5 | 文字油墨沾污板面 | 可维修 |
| | 6 | 文字不清 | 文字不清楚,影响辨识,可维修 |
| | 7 | 文字脱落 | 有 3M600 胶带做拉力实验,文字脱落,可维修 |

续表

| | 序　号 | 类　型 | 说　明 |
|---|---|---|---|
| PAD部分 | 1 | 锡垫缺口 | 锡垫因刮伤或其他因素而造成缺口,可维修 |
| | 2 | BGA PAD缺口 | BGA部分的锡垫有缺口,不可维修 |
| | 3 | 光学点不良 | 光学点喷锡毛边、不均、沾漆而造成无法对位或对位不准,造成零件偏移,不可维修 |
| | 4 | BGA喷锡不均 | 喷锡厚度过厚,受外力压过后造成锡扁,不可维修 |
| | 5 | 光学点脱落 | 不可维修 |
| | 6 | PAD脱落 | 可维修 |
| | 7 | QFP未下墨 | 不可维修 |
| | 8 | QFP下墨处脱落 | QFP下墨处脱落3条以内的允收,否则不可维修 |
| | 9 | 氧化 | PAD受到污染而变色,可维修 |
| | 10 | PAD露铜 | 若BGA或QFP PAD露铜,则不可维修 |
| | 11 | PAD沾白漆或油墨 | 可维修 |
| 其他部分 | 12 | PCB夹层分离,白斑,白点 | 不可维修 |
| | 13 | 织纹显露 | 板内有编织性的玻织布痕迹,面积大于或等于10 $mm^2$,不可维修 |
| | 14 | 板面污染 | 板面不可有灰压、手印、油渍、松香等外来污染,可维修 |
| | 15 | 成型尺寸过大或过小 | 外形尺寸公差超出,不可维修 |
| | 16 | 裁切不良 | 成型未完全,不可维修 |
| | 17 | 板厚,板薄 | 板厚超PCB制作规范,不可维修 |
| | 18 | 板翘 | 板翘高度大于1.6 mm,不可维修 |
| | 19 | 成型毛边 | 成型不良造成毛边,板边不平整,可维修 |

**2. 印刷检验**

焊锡膏印刷人工视觉检查一般可分为三种形式:一是在设置印刷参数时,操作人员检查试印效果,校正印刷参数;二是在正常的印刷生产中,操作人员100%地检查印刷质量,随机调整印刷工艺,防止印刷缺陷重复出现,并对发现的焊锡膏缺陷按照标准衡量,看是否可以接受,对印刷不合格的印刷板用台面清洗方法或其他方法彻底清洗干净后生产印刷;三是在贴装元器件之前,贴装人员对印制板的焊锡膏质量进行100%的监督检查,剔出那些焊锡膏图形不合格的印制板,并进行返工重印。

检验标准按照企业标准或其他标准(如IPC标准或SJ/T 10670—1995表面贴装工艺通用技术要求等标准)执行。检验方法为目视检验,有窄间距的用2～5倍放大镜或3～20倍显微镜检验。表6.13为焊锡膏印刷人工视觉检查标准。

印刷在焊盘上的焊锡膏量允许有一定的偏差,但焊锡膏覆盖在每个焊盘上的面积应大于焊盘面积的75%。引线中心距为0.65 mm以下的窄间距器件必须全部检查。

**表 6.13 锡焊膏印刷人工视觉检查标准**

| 序 号 | 缺陷类型 | 检查方法 | 主要原因 | 危 害 | 预防处理措施 |
|---|---|---|---|---|---|
| 1 | 焊锡膏塌落 | 目视可见焊锡膏图形不清晰,边缘不齐整或已崩塌 | 焊锡膏质量差,印刷工艺水平低 | 桥焊、产生焊料球 | 使用黏度稍高和塌陷指标合格的焊锡膏,改进印刷工艺和装备 |
| 2 | 焊锡膏连印 | 目视可见相邻焊锡膏图形之间已被焊锡膏连接成片 | 印刷间隙太大、重印次数多、模板底面清洗不干净 | 短路 | 减少重复印刷次数和印刷间隙,增加模板底面清洗频率,保证清洗质量 |
| 3 | 焊锡膏漏印 | 目视可见部分焊盘没有焊锡膏覆盖或覆盖不完整 | 刮印区焊锡膏少,模板开口太小,模板清洗不干净,模板厚度大 | 虚焊、开路 | 增大模板开口,适当减小模板厚度,改进模板加工方法,及时向刮印区域添加焊锡膏 |
| 4 | 焊锡膏太厚 | 目视可见局部或全部焊盘焊锡膏超厚或焊锡膏大量堆集,表面不平整 | 模板太厚,模板上的焊锡膏没有刮干净、印刷间隙太大 | 焊点畸形、桥焊 | 适当减小模板厚度,增加印制板底部支撑,增大刮印压力,修理刮刀刃稍利,缩小印刷间隙 |
| 5 | 焊锡膏太薄 | 目视可见锡焊膏图形非常薄,厚度小于规定的要求 | 模板厚度太小 | 焊点焊料不足,虚焊 | 按规范设定模板厚度 |
| 6 | 焊锡膏凹形 | 目视可见大尺寸焊盘中部的焊锡膏厚度远小于边缘 | 刮刀刀刃嵌入漏孔、刮走焊锡膏 | 焊点焊料不足,虚焊 | 降低刮印压力,修理刮刀使刀刃稍钝,使用金属刮刀或复合刮刀,增加大尺寸焊盘的印刷间隙 |
| 7 | 焊锡膏覆盖面积不足 | 目视可见印制板焊盘同侧缺少焊锡膏或焊锡膏呈斜坡状 | 焊锡膏黏度太大,印刷速度太快,焊锡膏已经失效 | 焊点焊料不足,虚焊 | 选用黏度稍低的焊锡膏,降低印刷速度,使用新鲜焊锡膏 |
| 8 | 焊锡膏厚薄不均匀 | 目视可见部分焊盘焊锡膏厚度相对较厚或较薄 | 印刷间隙不均匀,刮刀与模板平面不平行 | 引发电路故障 | 调均印刷间隙,调整印刷机,使刮刀锋线与模板平面平行 |
| 9 | 焊锡膏图形对称错位 | 目视可见焊锡膏图形与焊盘不重合,在焊盘同侧可看见偏移露出的焊盘空缺 | 印制板与模板对准不准确 | 虚焊、桥焊、开路 | 印刷前认真细致地将印制板与模板对准,使用具有光学识别系统的全自动焊锡膏印刷机 |
| 10 | 焊锡膏图形非对称错位 | 在拼版的焊锡膏印刷中可看到局部焊锡膏图形与焊盘不重合 | 印制板变形,模板开口与印制板焊盘不对接 | 虚焊、桥焊、开路 | 模板投入使用前必须对照印制板检查,确保模板全部开口与印制板焊盘对准 |
| 11 | 焊锡膏等污染印制板 | 目视可见印制板表面、焊盘周围、通孔内有焊锡膏、油污、棉丝等物污染 | 模板底面清洗不干净,返工印刷的印制板清洗不干净 | 影响电路板表面质量,产生焊料球,焊点发黑,虚焊 | 增加模板清洗频率,清除印刷板上的焊锡膏时要仔细,防止焊锡膏流入通孔。清洗印制板所使用的辅料应洁净无油污,不脱棉 |

### 3. 点胶检验

理想的胶点是胶点位于各个元件(焊盘)中间,其大小为点胶嘴的 1.5 倍左右,胶量以贴装后的元件焊端与 PCB 的焊盘不沾污为宜。表 6.14 为胶点缺陷人工视觉检查标准。

**表 6.14 胶点缺陷人工视觉检查标准**

| 序 号 | 缺陷类型 | 检查方法 | 主要原因 | 危 害 | 预防处理措施 |
| --- | --- | --- | --- | --- | --- |
| 1 | 胶点塌落 | 目视可见胶点高度不足,形状系数远大于 4 | 胶黏剂黏度太低,环境温度太高 | 丢片 | 使用黏度稍高的胶黏剂,环境温度控制在 30 ℃以下的一定区域内 |
| 2 | 胶点拖尾 | 目视可见胶点的尖峰较细长,且被点胶头拖拉到了焊盘区 | 胶黏剂黏度较高 | 虚焊 | 改进施胶工艺,使用黏度稍低的胶黏剂 |
| 3 | 胶量过少 | 目视可见胶点太小,不足以固定元件 | 胶黏剂中有气泡,施胶气压或时间不足 | 丢片 | 排除胶黏剂中的气泡,增大施胶气压和时间 |
| 4 | 胶量过多 | 目视可见胶点与要求相比太大 | 施胶时间太长,气压太高 | 拖浮起元件造成开路 | 减小施胶气压或时间 |
| 5 | 漏点 | 目视可见应该点胶的位置没有任何点胶的痕迹 | 点胶编程出错 | 丢片 | 修正点胶程序 |
| 6 | 胶点覆盖焊盘 | 目视可见胶点与焊盘完全重叠或部分重叠 | 胶量过多或胶点坐标设置错误 | 虚焊、开路 | 调整点胶量大小,修正胶点坐标 |
| 7 | 胶黏剂污染电路板 | 目视可见印制板上有胶黏剂污染 | 胶黏剂未彻底清除且污染电路板 | 虚焊,影响电路板表面质量 | 应用台面清洗方法或其他清洗方法彻底清除印制板上多余胶黏剂 |

### 4. 贴片检验

贴片人工视觉检查是指在印制板贴装元器件之后、回流焊之前,对贴片质量进行人工目检,用以发现贴片缺陷,调整贴片程序和其他工艺参数,避免贴片缺陷重复出现和流入下道工序。

贴装机自动贴装工序的首件检验非常重要,必须检验元器件的型号、规格、极性和贴装位置偏移量,不贴错的首件自检合格后必须送专检,专检合格后才能批量贴装。

(1) 贴装元器件的工艺要求

① 贴装元器件的焊端或引脚不小于 0.5 mm 厚度时要浸入焊锡膏。对于一般元器件贴片时的焊锡膏挤出量(长度)应小于 0.2 mm,对于窄间距元器件贴片时的焊锡膏挤出量(长度)应小于 0.1 mm。

② 由于回流焊时有自定位效应,因此元器件贴装位置允许有一定的偏差。允许偏差的范围要求如下:

- 矩形元件:在元件的宽度方向,焊端宽度 1/2 以上在焊盘上;在元件的长度方向,元件焊端与焊盘必须交叠;有旋转偏差时,元件焊端宽度的1/2以上必须在焊盘上。

• SOT:引脚(含趾部和跟部)必须全部处于焊盘上。

• S0IC:必须保证器件引脚宽度的3/4(含趾部和跟部)处于焊盘上。

• QFP:要保证引脚宽度必须有3/4引脚长度在焊盘上,引脚的跟部也必须在焊盘上。

(2) 检验方法

检验方法要根据各单位的检测设备配置及表面贴装板的组装密度而定。普通间距元件可用目视检验,高密度窄间距元件可用放大镜、显微镜或AOI检验。检验标准按照企业标准或其他标准(如IPC标准或SJ/T 10670—1995表面贴装工艺通用技术要求等标准)执行。表6.15为贴片人工视觉检查标准。

**表6.15　贴片人工视觉检查标准**

| 序　号 | 缺陷类型 | 检查方法 | 主要原因 | 危　害 | 预防处理措施 |
|---|---|---|---|---|---|
| 1 | 元件同向偏移 | 目视可见元件向焊盘的同侧偏移 | 印制板定位或贴片机系统故障 | 虚焊、短路、开路 | 排除印制板定位和贴片机系统故障,人工校正元器件 |
| 2 | 元件弥散性偏移 | 目视可见个别元件相对焊盘偏移,偏移方向没有特定规律 | 元器件定位误差或贴片机系统故障,印制板质量差 | 虚焊、短路、开路 | 在细间距器件焊盘上设置基准标志,精确调整定位坐标,调整贴片机参数,人工校正元器件 |
| 3 | 飞片 | 目视可见元件偏离焊盘,伴随出现翻片 | 贴片速度过快,元件间隙过小,焊锡膏附着力不足,贴片机系统故障 | 开路 | 降低贴片速度,增加元件间隙;缩短焊锡膏工作时间,排除贴片机系统故障,人工校正元器件 |
| 4 | 元件损伤 | 目视或低倍放大可见元件表面有裂纹或已开裂 | 贴片头贴装高度太小,贴片冲击力大,元件贴装前已损伤 | 断路 | 控制好元器件的入库质量。调整贴装高度,减少贴片冲击力,清除损伤的元件,人工贴上相应的合格元件 |
| 5 | 元件方向贴错 | 目视可见元件贴装方向与电路设计方向不一致 | 贴装程序、元件编带方向或喂料方向错误 | 引发电路故障 | 修理贴片程序,校正元件编带或喂料方向,人工校正方向贴错的元器件 |
| 6 | 元件漏贴 | 目视可见焊盘及其周围没有该贴装的元器件 | 贴装程序错误,元件在贴片中丢失,贴片机系统故障 | 开路 | 修改贴片程序,排除贴片机故障,人工补贴该贴装的元器件 |
| 7 | 元件浮脚 | 目视可见元件引脚(焊端)没有和焊锡膏紧密接触 | 焊锡膏厚度不一致,元件引脚不共面;贴片速度太快,贴片头贴装高度太大,印制板变形严重 | 虚焊、开路 | 控制好元件入库质量和焊锡膏印刷质量,降低贴片速度,降低贴片头高度,防止印制板严重变形,人工将元件向下小心轻压,使元件引脚(焊端)与焊锡膏紧密接触 |

**5. 炉后检验**

良好的焊点应是焊点饱满、湿润良好、焊料铺展到焊盘边缘。在SMT生产过程中，质量缺陷的统计十分必要。人工视觉检查焊点的工具有放大镜、目镜、光学显微镜、视频显微镜等。表6.16所示为焊点人工视觉检查标准。

**表6.16 焊点人工视觉检查标准**

| 序号 | 缺陷 | 检查方法 | 主要原因 | 危害 | 预防处理措施 |
|---|---|---|---|---|---|
| 1 | 片式元件大量移位 | 目视可见许多小型片式元件偏离或远离焊盘 | 焊锡膏回流焊时溶剂沸腾溅射引起元件移位 | 开路、焊料球污染电路板 | 调整回流焊工艺，充分干燥焊锡膏，人工焊接移位元件并清除溅射的焊料 |
| 2 | 焊料球 | 低倍放大可见焊点周围有许多微小的焊珠 | 焊锡膏质量差，回流焊工艺与焊锡膏性能不相适应，焊盘氧化严重 | 短路、虚焊、焊料球污染电路板 | 用能抑制焊料球的焊锡膏，调整回流焊工艺参数，改善印制板的可焊性，人工去除焊料球并维修焊点 |
| 3 | 曼哈顿现象 | 目视可见片式元件一端脱离焊盘或直立 | 焊盘设计不规范，贴装位置偏差大，元件两端升温不均匀 | 开路 | 按规范设计焊盘，提高元件贴装位置精度，人工维修焊点 |
| 4 | 小三极管移位 | 低倍放大可见小三极管焊端偏离焊盘 | 焊盘设计不规范，焊前元件贴装位置偏差大 | 865A 虚焊、开路 | 按规范设计焊盘，提高元件贴片位置精度，人工维修移位的小三极管 |
| 5 | IC引脚桥焊 | 低倍放大可见细间距IC引线之间有焊料桥连 | 焊盘设计不规范，焊前元件贴装位置偏差大 | 虚焊、开路 | 按规范设计焊盘，提高元件贴片位置精度，人工维修移位的IC |
| 6 | 冷焊 | 目视可见焊点发黑，焊锡膏未完全熔化 | 回流焊参数错误；焊接温度太低，传送速度太快，印制板相隔太近 | 虚焊、开路 | 严格按认可的回流焊温度曲线焊接电路板，人工维修冷焊焊点或将电路板在正确的工艺下再回流一次 |
| 7 | 边界焊点 | 低倍放大可见焊点焊料不足，主跟部没有焊料润湿 | 焊锡膏薄，焊料已丢失，元件可焊性差，焊盘设计不合理 | 焊点可靠性差，虚焊 | 加大焊锡膏印刷间隙，控制好元器件质量，改善焊盘设计，防止焊料丢失 |
| 8 | 焊点焊料过量 | 目视可见焊点焊料溢出，焊料高度超过了元件焊接厚度 | 焊锡膏印刷太厚、焊点手工焊用焊料太多 | 焊点可靠性差 | 改进焊锡膏印刷质量和手工焊技术，人工去除焊点上多余的焊料 |
| 9 | 元件引脚未湿润 | 目视可见不能润湿元件引脚，焊点表面没有弯向反向面，润湿角大于90° | 元件引脚氧化严重，元件引脚已被污物污染 | 虚焊、开路 | 保证元件可焊性，改善元件储运、使用条件，缩短存储时间，控制好元件入库质量，人工维修焊点 |

续表

| 序号 | 缺陷 | 检查方法 | 主要原因 | 危害 | 预防处理措施 |
|---|---|---|---|---|---|
| 10 | 抽芯 | 焊点焊料集中在引线的上部，焊料能润湿元件引线而没有润湿焊盘 | 印制板可焊性差，焊盘和元件引线回流焊时温差大 | 开路、虚焊 | 改善印制可焊性，调整回流焊工艺，充分预热印制板，缩小焊盘与元件引线之间的温差 |
| 11 | 焊点或元件开裂 | 低倍放大可见焊点或元件有裂纹或已开裂 | 印制板变形、焊接热冲击元件、焊接前元件已经开裂 | 开路 | 印制板和元器件在贴装前进行干燥处理，避免印制板在运输、存放、安装中变形，防止元件在贴装中产生裂纹 |
| 12 | 引脚漏焊 | 目视可见元件引脚与焊盘之间未形成机械和电气化接触 | 元件引脚已损或元件引脚共面性差，焊盘设计不当，元件贴装位置偏离大 | 开路 | 控制好元件入库质量，防止元件引脚在使用中损坏，优化印制板焊盘设计和贴片工艺，人工维修漏焊引脚 |
| 13 | 焊点畸形 | 目视可见焊点表面粗糙，位置偏斜，焊料或多或少，润湿不良 | 印制板焊盘被污染，贴片位置偏差大 | 焊点可靠性差 | 防止印制板焊盘被污染，提高贴片位置精度，人工维修畸形焊点 |

(1) 缺陷统计方法

缺陷统计方法，即百万分率(PPM)的缺陷统计方法的计算公式如下：

$$\text{PPM} = \frac{\text{缺陷总数}}{\text{焊点总数}} \times 10^6$$

$$\text{焊点总数} = \text{检测线路板数} \times \text{焊点}$$

$$\text{缺陷总数} = \text{检测线路板的全部缺陷数量}$$

(2) 检验方法

检验标准按照企业标准或其他标准(如 IPC 标准或 SJ/T 10670—1995 表面贴装工艺通用技术要求等标准)执行。一般采用目视检验，可根据组装密度选择 2～5 倍放大镜或 3～20 倍显微镜。

大部分的小组件会与板边垂直或是平行，所以只要焊接不完整，大部分的小组件就不会与板边平行或垂直，而是呈现歪离焊垫、立碑或是短路的现象。从颜色或硬化的松香及锡膏表面的光亮度(或颗粒)，都可以辨别出回焊时的最高温度是否足够(太低或是太高)。理想的松香所呈现的颜色应是透明或透明中带有白色，若略呈现黄色则表示焊接温度偏高。若在板子上的组件接脚和焊垫的接缝的焊接呈现皱纹状而非光亮平滑，则表示回焊炉温度过高或冷却太快。组装板子时的回焊曲线必须由热电偶仔细地测试，求得最佳的回焊曲线并将这曲线应用在正式的产品上。

**6. 来料检测**

组装前检验(来料检验)是保证表面贴装质量的首要条件。元器件、印制电路板、表面贴装材料的质量直接影响组装质量，因此要有严格的来料检验和管理制度，因为元器件、印制电路板、表面贴装材料的质量问题在后面的工艺过程中是很难甚至是不可能解决的。表 6.17 为来料检测的主要内容。

表 6.17　来料检测的主要内容

| | 检测项目 | 检测方法 |
|---|---|---|
| 元器件 | 可焊性 | 湿润平衡实验,浸渍测试仪 |
| | 引线共面性 | 光学平面检查,小于0.10 mm,贴片机共面检查装置 |
| | 使用性能 | 抽样检查 |
| PCB | 尺寸,外观检查阻焊膜质量 | 目检,专用量具 |
| | 翘曲,扭曲 | 热应力测试 |
| | 可焊性 | 旋转浸渍测试,波峰焊料浸 |
| | 阻焊膜完整性 | 热应力测试 |
| 材料 | 包装、外观、尺寸、可焊性功能检测 | 目测、卡尺 |
| 焊锡膏 | 金属百分含量 | 加热分离称重法 |
| | 焊料球 | 回流焊 |
| | 黏度 | 旋转式黏度计 |
| | 粉末氧化均量 | 间歇分析法 |
| 焊锡 | 金属污染量 | 原子吸附测试 |
| 阻焊剂 | 活性 | 铜镜测试 |
| | 浓度 | 比重计 |
| | 变质 | 目测颜色 |
| 贴片胶 | 黏性 | 黏结强度实验 |
| 清洗剂 | 组成成分 | 气体泡谱分析法 |

(1) 表面贴装元器件(SMC/SMD)检验

元器件的主要检测项目包括可焊性、引脚共面性和使用性,应由检验部门做抽样检验。元器件可焊性的检测可用不锈钢镊子夹住元器件体浸入(235±5) ℃或(230±5) ℃的锡(有铅)锅中,(2±0.2) s或(3±0.5) s后取出。在20倍显微镜下检查焊端的沾锡情况,要求元器件焊端90%以上沾锡。

(2) 印制电路板(PCB)检验

具体内容参见表6.16。

(3) 材料检验

由于一般的中小企业都不具备材料的检测手段,因此对于焊锡膏、贴片胶、棒状焊料、焊剂、清洗剂等表面贴装材料一般不做检验,主要靠对焊锡膏、贴片胶等材料生产厂家的质量认证体系的鉴定,并固定进货渠道,定点采购。进货后主要检查产品的包装、型号、生产厂家、生产日期和有效使用期是否符合要求,检查外观、颜色、气味等方面是否正常。另外,在使用过程中观察使用效果,例如对焊锡膏,主要观察印刷性和触变性是否良好、室温下使用时间的长短、焊后的焊点表面浸润性、锡球和残留物的多少等,发现问题后应及时与供应商联系解决。

# 第7章　SMT管理

## 7.1　SMT工艺管理

### 7.1.1　现代SMT工艺管理

国内不缺乏一流的设备，却缺乏一流的工艺和管理。工艺是SMT技术的核心，所以重视和了解工艺，并以工艺为出发点来管理SMT的应用是关键。有效的品质为寿命保证，只能通过对工艺的掌握、正确的设计、应用和管理来达到，事后检查和处理的管理做法已经落后，只能通过工艺管理才能做到预防。良好的工艺管理，包括工艺技术平台的建立、四大技术规范、数据采集和管理系统及员工培训体制等。

**1. SMT工艺技术平台**

工艺管理的整个灵魂在于工艺技术平台的建立。工艺技术平台虽然以"工艺"为名，但实际上包括了整个技术整合中的设计、设备、工艺和质量管理各部分。以"工艺"为名是因为其概念是以"工艺为主、工艺为核心"的缘故。

工艺技术平台的建立是个系统工程，包括以下五个主要方面：

① 以工艺为核心概念的产品产业化和生产管理流程。

② 支持流程的有效组织结构。

③ 工艺和设备能力范围。

④ 数据管理和应用系统。

⑤ 效益测量和自我学习系统。

工艺技术平台的理念采用了目前许多先进或长期证明有效的管理做法。比如：

① 流程管理(Process Management)、流程再造(Process Re-engineering)。

② 并行工程(Concurrent Engineering)。

③ 供应链管理(Supplying Chain Management)。

④ 工艺/设备能力指标(CPK、CMK)。

⑤ 统计学(SQC，SPC，Confidence Level，Pre-control等)。

⑥ 数据管理(Data Management)、计量量化管理(Measurement Management)。

⑦ 全面生产维护管理(Total Productive Maintenance)。

**2. 四大技术规范体系**

由于产品质量、设计、工艺与设备工具四者之间都是相互关联的，在工作上就必须给予综合考虑和制定各自间所推荐的和不允许的做法，这就是技术规范的意义。

四大规范,即“质量规范”“设计规范”“工艺规范”及“设备规范”。

四大规范是一个庞大的技术管理系统,在文档上不只是四份规范资料这么简单。在各规范课题下,将需要成立许多分支来使用和管理。比如在质量规范下,包括按各工艺分类的质量标准,如“焊膏印刷质量标准”“点胶工艺质量标准”“贴片工艺质量标准”“回流焊接工艺质量标准”等。这些质量标准必须包含所有采用的工艺。如果不做到这么细,技术整合效果将无法得到保证。每个规范的建立应该仔细地考虑其目的和可操作性。由于SMT技术非常复杂,一般在规范上建议采用分层次的做法,也就是分开“操作版本”和“技术版本”,而“操作版本”还可以按使用对象和资料复杂程度分为“提醒版本”和“依据版本”。

SMT生产线环节很多,涉及方方面面的内容,围绕设备管理范围,应重点抓好几个关键部位和几个监控点。关键部位是丝印机、贴片机和回流炉;监控点主要是指贴片之后、回流焊接之前及PCB检查和修理处,这样可将许多故障在焊接前修正,减少修理工作量。另外,在修理检查时,应查清并汇总质量不良的主要内容及原因,迅速反馈到产生故障的设备,立即加以解决。



## 7.1.2 SMT生产线管理

### 7.1.2.1 SMT印刷管理

丝印焊膏的效果会直接影响贴片及焊接的效果,尤其是对于细间距元件的影响更为显著。首先要调好焊膏,设置好丝印机的压力、精度、速度、间隙、位移和补偿等参数,综合效果达到最佳后,稳定工艺设置,投入批量生产。

**1. SMD钢板管理**

(1) 入料检验及标示

检验钢板的基本特性,即厚度、开孔形状;确认合格后填写“钢板合格标签”。

(2) 钢板使用管理

钢板使用要做记录,用以管理其使用寿命和清洁保养。

(3) 报废

一般产品印刷次数超过100万次时,做报废处理;在特殊要求下,比如:汽车电子、精密电子等制造8万~10万次时,也做报废处理。

**2. 膜厚度测量仪管理**

(1) 锡膏高度标准

依SMD印刷监控标准,用膜厚度测量仪测出锡膏厚度。

(2) 管理方式

一般机种每小时测量一次,每次测量2PCS(前、后刮刀),每片PCB须测量四个角上最端点的零件的锡膏厚度,并计算平均值,必须以工单为单位,每结一工单须换一新管理图。超出上下限的每一点均需用红点表示,并需工程师到场签名确认后调机。

(3) 管理图归档、保养及存放方法

管理图以品名分类,生产相应机种需挂上相应的管理图;归档时,管理图先以机种名称区分,再以日期做逐步细分。

**3. 印刷异常的相关处理**

(1) 印刷异常处理流程

当印刷参数发生异常时,生产线应立即停机,由工程师来确认印刷参数并调整机器状态或材料状况。同时,QC须追踪IR炉后的品质状况并负责对整个事件的记录。当恢复生产时,QC及工程师需再用膜厚度测量仪检查前5PCS PCB,确认无误后方可开线,否则需要工程师重新调机。

(2) 印刷异常PCB处理流程

先用刮刀大力刮去PCB上80%的锡膏,使用织布润湿HCFC后擦拭PCB,再使用超音波清洗机清洗PCB 3 min,使用气枪对PCB正、背面各吹一次后,再用干净织布润湿HCFC擦拭PCB。洗过的PCB需空板过IR一次。

**4. 红胶和锡膏管理**

(1) 入料管理

为保证红胶和锡膏在使用上遵循"先进先出"的原则,红胶和锡膏在入料时需经编号管理。编号法则:××(进料年份、月份)××(编号)×××(按月管理)。

(2) 储存

红胶和锡膏的储存环境的制定依据:保存环境条件由供应商提供,一般标在标签上。例如,红胶LOCTITE368和3609的储存温度为(5±3) ℃,锡膏KOKI的储存温度为低于10 ℃。

(3) 红胶和锡膏的使用规则

均遵循"先进先出"的原则。

(4) 红胶和锡膏的回温

红胶和锡膏在使用前需经过回温处理,即使红胶和锡膏由储存温度自然回升到室温温度。由经验得出:300 mL红胶的回温时间为24 h,20 mL或30 mL为12 h;锡膏的回温时间在6 h以上。回温时间均记录于"回温记录表(红胶)"和"回温记录表(锡膏)"上。

(5) 锡膏的搅拌

锡膏经回温处理后,还需经搅拌处理才能使用,以保证产品品质。

### 7.1.2.2 SMT贴片管理

**1. 贴片质量**

贴片质量,特别是高速SMT生产线贴片机的质量水平十分关键,出现一点问题,就会产生极其严重的后果,应着重做好以下工作:

(1) 贴片程序编制要准确、合理

元器件贴放位置、顺序、料站排布、路径安排要尽可能准确、合理。在进行程序试运行、确认送料器元件的正确性后,进行第一块PCB贴装,要全面检查位置与参数、极性与方向和位置偏移量等项目。检查合格后,开始投入批量生产。

(2) 加强生产过程的质量监控和质量反馈

随着生产中元器件不断补充上料和贴片程序的完善调整,有可能造成误差而产生质量事故,所以应建立班前检查和交接班制度,并做到每次换料的自检、互检,杜绝安全隐患。同时要加强SMT系统的质量反馈,后道工序发现的问题要及时反馈到故障机,及时处理,减少损失。

**2. 贴片程式料表的管理**

SMD程式料表的制作如下：

(1) 前置准备工作

程式制作员依据机种的不同，收集整理好BOM、FN、ECN、PCB等工程规格的工程资料，检查SMD零件的可装配性。

(2) 制作SMD料表

程式制作员依据工程部正式下发的BOM，把所有需SMD作业的材料依据料号按不同位置制作成符合SMD作业的料表。

(3) 装配坐标

程式制作员依据SMD料表所列的顺序，在光纤坐标机上依次设定装配坐标。

(4) 转化为贴片程式料表

程式制作员把已经制作好的SMD料表和已经设定好的装配坐标经“SMD程式料表制作软件系统”的转换，生成适合于贴片设备的程式料表。

(5) 程式的调试

程式制作完成后，需由工程技术人员经过设备的正式运行来检验其正确性，包括位置坐标的核对、供料站位的核对和零件参数的核对三大方面。设备能正常运作，产品经QC确认无误后，程式料表完成。

**3. 程式料表的管理**

(1) 管理资格

程式经调试完成之后，程式料表即依机种建档或归档，并登录于对应机种的《SMD程式料表历史卡》后即取得“管理资格”。

(2) 管理方法

程式料表是SMD制程中重要的品质保证，是一份严肃的品质文件，把符合“管理资格”的程式料表全部列印出来，计算机资料最多只能由程式员保有一个备份文件，计算机中只能有一份资料，并记录于《SMD程式料表历史卡》上。

### 7.1.2.3 回焊炉管理

**1. 温度曲线的制作**

(1) 回焊炉的抽风量设置

根据胶热固化和锡膏热熔化的特点，“前段有害气体少，需保温；后段有害气体多，需降温”，因此前段抽风量设置为刚好能抽风，后段抽风量设置为最大。

(2) 测试点的选择

可量测三个不同点的温度曲线，第一点选择SMD面布线密集处为测试点，第二点选择SMD面布线稀疏处为测试点，第三点选择PCB另一面为测试点。

(3) 轨道速度的选择

依据胶与锡膏的各区基本温度时间而设定速度，一般平均胶固作业轨道速度为0.85 m/min，锡膏作业轨道速度为0.5 m/min。

(4) 回焊炉各段温度的设定

胶固化作业的特点在于“恒温固化”，回焊炉各段温度以“高—低”的值设定；锡膏作业的特点在于预热时间长，回焊炉各段温度以“高—低—高”的值设定，如表7.1所示。

表 7.1　胶固化和锡膏回焊炉各段温度的参考设定值

| 加热温区 | 1 | 2 | 3 | 4 | 5 | 6 | 7 | 8 | 9 | 10 |
|---|---|---|---|---|---|---|---|---|---|---|
| 胶固化 | 230 ℃ | 210 ℃ | 205 ℃ | 210 ℃ | 190 ℃ | 230 ℃ | 210 ℃ | 205 ℃ | 210 ℃ | 190 ℃ |
| 有铅锡膏焊接 | 240 ℃ | 200 ℃ | 190 ℃ | 170 ℃ | 330 ℃ | 240 ℃ | 200 ℃ | 190 ℃ | 170 ℃ | 330 ℃ |
| 无铅锡膏焊接 | 240 ℃ | 200 ℃ | 190 ℃ | 170 ℃ | 330 ℃ | 240 ℃ | 200 ℃ | 190 ℃ | 170 ℃ | 255 ℃ |

(5) 温度曲线 Profile 测试

当各段温度与设定值误差为±1 ℃时，才能测量其 Profile。

**2. SMD 回焊炉参数设定指导书**

对于每一台回焊炉，按产品的不同制作一份《SMD 回焊炉参数设定指导书》，实际测量的数据经专门软件分析，符合规格的即取得承认资格，否则重新调整回焊炉的参数，直至所测得的 Profile 合格。

### 7.1.2.4　SMT 文件资料管理

文件资料范围为正式下发的所有 SMT 文件资料，以及公务活动中的信件传真。SMT 文件体系如图 7.1 所示。

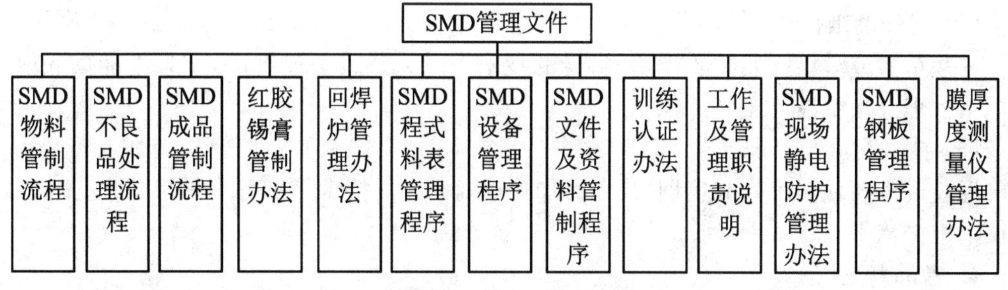


图 7.1　SMT 文件体系

### 7.1.2.5　SMT 设备管理

不同类型的 SMT 设备出现故障的趋势大体有如下两种：

① 随着时间的推移，使用时间越长，故障率越高。

② 有些设备在使用初期，故障率相对较高，使用一段时间后，故障相对减少。当然，产生这种变化的原因主要与初期对设备掌握不熟练、设备调整及使用效果不是最佳状态有关，出现这种情况应多从内部寻找原因，进行规范性管理。降低设备故障率，减少停机损失，最有效的方法是加强设备管理水平，制定设备操作、维护保养及修理的管理办法和责任制度。

**1. SMT 设备操作说明书**

SMT 所有与生产有关的设备，其操作方法均用操作说明书规范起来。操作说明书均存放在相应的设备上。基本内容为开机及点检、按键功能说明、暖机、正常操作、一般故障清除和关机。

**2. 设备量测**

(1) 电源输入的量测

每月设备保养时进行量测，量测记录于《设备保养记录》中。

(2) 气压输入的量测

一般每台设备的气压表均由设备制造商在表盘上设定好其正常工作气压值。每日的操作员均检查气压显示值是否在正常工作值以上。

(3) 重要水平面的量测

对水平面有要求的设备，其水平度半年度量测一次。采用水平仪用“十字交叉法”量测。

(4) 设备接地的量测

由技术人员在月保养时进行量测。选择设备金属外壳不同的5点，量测它们对电源地线的电阻，若阻值小于4 Ω，则表明接地良好。

**3. 设备的保养**

(1) 日常保养

由操作员每天实施。

(2) 月和年度保养

依据生产进度进行月保养，年度保养每半年进行一次。每种设备都根据“保养项目表”进行保养并填写保养记录。

(3) 自我维护

日常生产过程中的设备故障，工程技术人员通过查阅设备供应商提供的技术资料，或查阅以前相关故障的维修记录，制订方案进行设备维修，重大故障需要写“设备维修报告”。

(4) 代理商维护

一些重大或潜伏征兆的故障，若自身的技术力量无法或不能解决，或者不能彻底解决，则联络代理商来维修。

(5) 技术交流与培训

通过代理商现场维修或培训，或者参加代理商举办的技术培训等多种形式，来提升技术队伍的维护水平。

**4. 备品管理**

设备的运行要消耗一些部件，需对一些消耗性配件进行备品安全管理，评估后提出需求。从代理商那里购买消耗性配件，做好配件的“安全库存”。非消耗性配件视设备的运作状况而购买。请购的备品到货后，需填写“SMD机台备品进料单”来作为备品进料管理的依据。备品在出库使用时，需填写“SMT机台备品出库单”来作为备品出库管理的依据。

# 7.2 品质管理

## 7.2.1 品质管理方法

### 7.2.1.1 品质管理演进史

**1. 第一阶段——操作者品质管理**

在18世纪，产品从头到尾，由同一个人负责制作，因此产品的好坏也就由同一个人来处理。

**2. 第二阶段——领班品质管理**

从19世纪开始,生产方式逐步变为将多数人集合在一起而置于一个领班的监督之下,由领班来负责每一个作业员的品质。

**3. 第三阶段——检查员品质管理**

在第一次世界大战期间,工厂开始变得复杂,发展为由指定的专人来负责产品的检验。

**4. 第四阶段——统计品质管理**

从1942年美国W. A. SHEWART利用统计手法提出第一张管理图开始,品质管理从此进入新纪元。此时抽样检验也同时诞生,统计品质管理(Statistical Quality Control,SQC)的使用也是近代管理突飞猛进的最重要原因。

**5. 第五阶段——全面品质管理**

全面品质管理(Total Quality Control,TQC)阶段把以往品质管理的做法前后延伸至市场调查、研究发展、品质设计、原材料管理、品质保证及售后服务等各部门,并建立品质体系。

**6. 第六阶段——全公司品质管理**

日本的全公司品质管理有别于美国的TQC,称为CWQC(Company Wide Quality Control)。即从企业经管的立场来说,要达到经管的目的,必须结合全公司所有部门的每一个员工,通力合作,构成一个能共同认识、易于实施的体系,使市场调研、研究开发、设计、采购、制造、检查、销售、服务的每一个阶段均能有效管理,并全员参与。

**7. 第七阶段——全集团品质管理**

结合中心工厂,协力工厂和销售公司组成一个庞大的品质体系,即GWQC(Group Wide Quality Control)。

### 7.2.1.2 检验

检验是对产品或服务的一种或多种特性进行测量、检查、实验、度量,并将这些特性与规定的要求进行比较以确定其符合性的活动。

**1. 检验工作的职能**

(1) 保证的职能

通过对原材料、半成品及成品的检验、鉴别、分选,剔除不合格品,决定该产品是否能被接受。

(2) 预防的职能

通过检验及早发现品质问题并找出原因,及时加以排除。

(3) 报告的职能

检验中收集数据进行分析和评价,并向有关职能部门报告,为改进设计、提升品质、加强管理提供资讯和依据。

**2. 质量检验的方法**

(1) 单位产品的质量检验

单位产品的质量检验就是借助一定的检测方法,测出产品的质量特性值,然后把测出的结果和产品的技术标准进行比较,判断产品是否合格。

(2) 批量产品

产品的批量特性不符合产品技术标准、工艺文件或图纸所规定的技术要求,即构成缺陷,缺陷分为致命缺陷、重缺陷和轻缺陷。

(3) 抽样检验

抽样检验就是根据事先确定的方案从一批产品中随机抽取一部分进行检验,并通过检验结果对该批产品的质量进行评估和判断的过程,抽样检验的适用范围包括:① 破坏性检验;② 批量大,价值和质量要求一般的情况;③ 连续性的检验;④ 检验项目较多;⑤ 希望节省检验费。

**3. 质量检验部的任务和要求**

① 编制质量检验计划,严把质量关,形成检验的质量体系。

② 掌握质量动态,加强质量分析:加强对不合格品的管理,严格执行质量考核制度。

③ 参与新产品的试制和鉴定工作。

④ 合理选择检验方式,积极采用先进检测技术和方法。

⑤ 加强质量检验队伍的建设,提高检验员的技术素质和工作质量。

⑥ 参与制定和健全有关质量管理工作方面的制度。

### 7.2.1.3 品质管理应用的方法

品质管理应用的七大方法主要包括:层别法、柏拉图法、特性要因图法、散布图法、直方图法、管理图法和查核表。

特性要因图法是最常用的方法,如图 7.2 所示,是将造成某项结果的众多原因,以系统的方式图解,也即以图来表达结果(特性)与原因(要因)之间的关系。因其形状像鱼骨,又称鱼骨图。

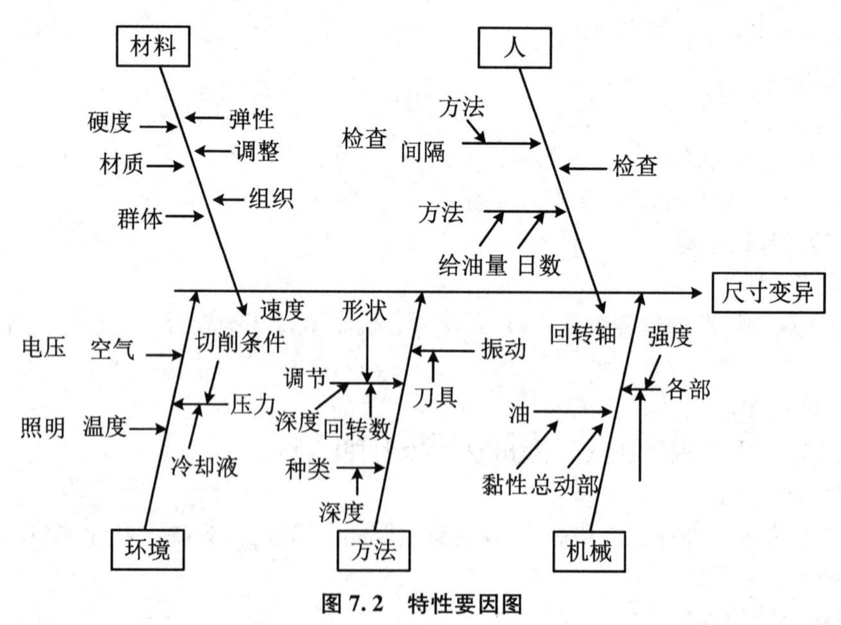


**图 7.2 特性要因图**

### 7.2.1.4 统计过程控制

统计过程控制(Statistical Process Control,SPC)主要是指应用统计分析技术对生产过程进行实时监控,科学地分出生产过程中产品质量的随机波动与异常波动,从面对生产过程的异常趋势提出预警,以便生产管理人员及时采取措施,消除异常,恢复过程的稳定,从面上达到提高和控制质量的目的。

在生产过程中，产品加工尺寸的波动是不可避免的。波动分为正常波动和异常波动两种。正常波动是由偶然性原因（不可避免因素）造成的，对产品质量影响较小，在技术上难以消除，在经济上也不值得消除。异常波动是由系统原因（异常因素）造成的，对产品质量影响很大，但能够采取措施避免和消除。过程控制的目的就是消除、避免异常波动，使过程处于正常波动状态。

**1. SPC 的技术原理**

SPC 是一种借助数理统计方法的过程控制工具，对生产过程进行分析评价，根据反馈信息及时发现系统性因素出现的征兆，并采取措施消除其影响，使过程维持在仅受随机性因素影响的受控状态，以达到控制质量的目的。

当过程仅受随机因素影响时，过程处于统计控制状态，简称受控状态；当过程中存在系统因素的影响时，过程处于统计失控状态，简称失控状态。由于过程波动具有统计规律性，当过程受控时，过程特性一般服从稳定的随机分布；而失控时，过程分布将发生改变。SPC 正是利用过程波动的统计规律性对过程进行分析控制的，因而，它强调过程在受控和有能力的状态下运行，从而使产品和服务稳定地满足顾客的要求。

SPC 强调全过程监控、全系统参与，并且强调用科学方法（主要是统计技术）来保证全过程的预防。SPC 不仅适用于质量控制，还可应用于一切管理过程中，如产品设计、市场分析等。正是它的这种全员参与管理质量的思想，实施 SPC 可以帮助企业在质量控制上真正做到“事前”预防和控制。

SPC 与传统 SQC 的最大不同点就在于由 Q（Quality）至 P（Process）这两个字的转换。在传统的 SQC 中强调的是产品的品质，换言之，它是着重买卖双方可共同评鉴的一种既成事实；而在 SPC 的思想中，则是希望将努力的方向更进一步放在品质的源头——制程上，因为制程的起伏变化才是造成品质变异的主要根源，而品质变异的大小才是决定产品优劣的关键。

**2. SPC 的步骤**

一般而言，有效的 SPC 应遵循如下步骤进行操作：

① 深入掌握因果模式，找出哪些制程参数对产品品质会有举足轻重的影响。

② 设定主要参数的控制范围，在找出影响结果的重要参数之后，接着要思考的就是这些参数该控制在哪一个范围内变动才恰当。这时就需要进一步借助与回归分析等相关的统计工具来合理地推测出控制范围。

③ 建立制程控制方法：经过步骤①、②之后，对 SPC 而言，只是完成了 S 与 P 两部分，而 C 部分才刚刚开始，需要进一步探究。

④ 抽取成品来验证原始系统是否仍然正常运转，是否推动 SPC 之后，就再也不需要进行成品检验了呢？如果仍要做成品检验，那么与推动 SPC 之前的成品检验有何不同呢？其实，即使步骤①、②、③完全做到了，仍然要抽取少数成品来检验，其目的何在呢？原因是任何系统无论设计得如何严谨，随着时间的流逝，系统本身都潜伏了“突变”的可能。

### 7.2.1.5 “5S”活动

“5S”活动指的是在生产现场中，对材料、设备、人员等生产要素进行相应的“整理、整顿、清理、清洁、素养”等活动。“5S”活动源于日本，是日本产品在第二次世界大战后品质得以迅速提升并行销全世界的一大法宝。由于“整理（Seiri）、整顿（Seiton）、清理（Seiso）、清洁（Seiketsu）、素养（Shitsuke）”是用罗马字母拼写的，它们的第一个字母都为“S”，故称为“5S”活动。

推进“5S”活动的作用如下：

① 作业出错机会减少，品质上升，作业人员心情舒畅，士气有一定程度的提高。

② 避免不必要的等待和查找，工作效率得以提升。

③ 资源得以合理配置和使用，浪费减少，通道畅通无阻，各种标识显眼、安全。

④ 整洁的作业环境易给客户留下深刻印象，有利于提高公司整体形象。

⑤ 为其他管理活动的顺利开展打下基础。

## 7.2.2 SMT 生产质量过程控制

**1. 质量过程控制点的设置**

为了保证 SMT 设备的正常进行，必须加强各工序的质量检查，因而需要在一些关键工序后设立质量控制点，这样可以及时发现上段工序中的品质问题并加以纠正，杜绝不合格产品进入下道工序，将因品质引起的经济损失降到最低。

质量控制点的设置与生产工艺流程有关。例如，单面贴插混装板采用先贴后插的生产工艺流程，在生产工艺中加入以下质量控制点：

① 烘板检测内容。印制板有无变形；焊盘有无氧化；印制板表面有无划伤。

② 丝印检测内容。印刷是否完全、桥接，厚度是否均匀、有无塌边，印刷有无偏差。

③ 贴片检测内容。元件的贴装位置有无掉片、有无错件。

④ 回流焊接检测内容。有无桥接、立碑、错位、焊料球、虚焊等现象。

⑤ 插件检测内容。有无漏件、有无错件、元件的插装情况。

检查方法为依据检测标准目测检验或借助放大镜校验。

**2. 检验标准的制定(目测检验)**

每一质量控制点都应制定相应的检验标准，内容包括检验目标和检验内容。若没有检验标准或内容不全，将会给生产质量控制带来相当大的麻烦。如判定元件贴偏时，究竟偏移多少才算不合格呢？质检员往往会根据自己的经验来判别，这样就不利于产品质量的一致和稳定。制定每一道工序的质量检验标准应根据其具体情况，尽可能地将所有缺陷列出，最好采用图示的方法，以便质检员理解、比较。

**3. 质量缺陷数的统计——PPM 质量控制**

在 SMT 生产过程中，质量缺陷的统计是十分必要的，它将有助于全体职工包括企业决策者在内，了解到企业产品质量情况，然后做出相应对策来解决、提高、稳定产品质量。其中，某些数据可以作为员工质量考核、发放奖金的参考依据。

在回流焊接和波峰焊接的质量缺陷中，引入国外的先进统计方法——PPM 质量控制，即百万分率(PPM)的缺陷统计方法。计算公式如下：

$$\text{缺陷率 PPM} = \frac{\text{缺陷总数}}{\text{焊点总数}} \times 10^6$$

$$\text{焊点总数} = \text{检测电路板数} \times \text{焊点}$$

$$\text{缺陷总数} = \text{检测电路板的全部缺陷数量}$$

例如：某电路板上共有 1000 个焊点，检测电路板数为 500，检测出的缺陷总数为 20，依据上述公式可算出：

$$\text{缺陷率 PPM} = [20/(1000 \times 500)] \times 10^6 = 40\text{PPM}$$

同传统的计算直通率的统计方法相比，PPM 质量控制更能直观地反映出产品质量的控制情况。例如，有的板元件较多，双面安装，工艺较复杂，而有些板安装简单，元件较少，同样计算单板直通率，显然对前者有失公平，而 PPM 质量控制则弥补了这方面的不足。

**4. 管理措施的实施**

为了进行有效的品质管理，除了对生产质量过程加以严格控制外，还要采取以下管理措施：

① 元器件或者外加工的部件采购进厂后入库前需要检验员的抽检或全检，发现合格率达不到要求的应退货，并将检验结果书面记录备案。

② 质量部门要制定必要的有关质量的规章制度和本部门的工作责任制度。通过法规来约束人为可以避免的质量事故，并用经济手段参与质量考核，企业内部专设每月质量奖。

③ 企业内部建立全面质量(TQC)机构网络，做到质量反馈及时、准确。生产过程的质检员在行政上仍属质量部管理，从而避免其他因素对质量判定工作的干扰。

④ 确保检测维修仪器设备的精确。产品的检验、维修是通过必要的设备仪表来实施的，因而仪器本身质量好坏将直接影响到生产质量。要按规定及时送检和计量，确保仪器的可靠。

⑤ 为了增强每名员工的质量意识，在生产现场周围设立质量宣传栏，定期公布一些质量事故的产生原因及处理方法，以杜绝此类问题的再度发生。同时质量缺陷统计数(回流焊 PPM、波峰焊 PPM)绘于质量坐标图上。

⑥ 每星期召开一次质量分析会。会议由质量部主管牵头，生产部主管主持，参加人员是生产线上质量管理小组代表、生产工艺主管、质量部主管、生产部主管、各线线长等。会议内容：提出上一个星期出现的质量问题，会上讨论确定解决问题的对策，并提出落实解决问题的责任人或责任部门。要求会议简短，预先有准备，避免开会时间过长。

⑦ 搞好产品质量，应依靠全体员工，单纯由质量部门尽心努力是不够的。因为产品质量是靠优化设计、先进工艺、高素质的工人生产出来的，而不是依靠质量部门检查出来的，所以企业全体员工必须加强质量意识。

# 7.3 SMT 标准

## 7.3.1 SMT 贴装国际标准

**1. ISO 与 IEC**

(1) ISO

国际标准化组织(International Organization for Standardization，ISO)是世界上最大的非政府性标准化专门机构，由 130 个国家的成员组成，在国际标准化中占主导地位。制定国际标准的工作通常由 ISO 的技术委员会完成，与 ISO 保持联系的各国际组织(官方的或非官方的)也可参加有关工作。

随着国际贸易的发展，对国际标准的要求日益提高。ISO 要求其所有标准每隔五年审查一次，根据标准在使用中对发现的问题和广泛征求的意见汇总归纳和修订标准。由技术委员会通过的国际标准草案提交各成员团体表决，需取得至少 75%参加表决的成员团体的同意，才能作为国际标准正式发布。

(2) IEC

国际电工委员会(International Electrotechnical Commission，IEC)成立于1906年，是世界上最早的非政府性国际电工标准化机构。1947年ISO成立后，IEC曾作为电工部门并入ISO，但在技术上、财务上仍保持其独立性。根据1976年ISO与IEC的新协议，两个组织都是法律上独立的组织，IEC负责有关电工、电子领域(如电路板、电子元件和电子或电机械组装接口)的国际标准化工作，其他领域(包括质量标准和机械接口标准)则由ISO负责。IEC现已制订国际电工标准3000多个。IEC现行有效的技术标准如表7.2所示。

**表7.2 IEC现行有效的技术标准表**

| 项　目 | 代　号 | 说　　明 |
| --- | --- | --- |
| PCB及基材测试方法标准 | IEC61189 | 电子材料实验方法，内连接构和组件<br>第1部分：一般实验方法和方法学；<br>第2部分：内连接构材料实验方法，2000年1月第一次修订；<br>第3部分：内连接构(印刷板)实验方法，1999年7月第一次修订 |
| | IEC60326-2 | 印刷版第2部分：实验方法，1992年6月第一次修订 |
| PCB相关材料标准 | IEC61249 | 印制板和其他内连接构材料：<br>第5部分：未涂胶导电箔和导电膜规范；<br>第7部分：抑制芯材料规范；<br>第8部分：非导电膜和涂层规范 |
| 印刷板标准 | IEC60326 | 印制板：<br>第3部分：印制板的设计和使用；<br>第4部分：内连刚性多层印板；<br>第5部分：(有金属化孔)单双面普通印制板规范(1989年10月第一次修订)；<br>第6部分：(无金属化孔)单双面挠性印制板规范(1989年11月第一修订)；<br>第8/9部分：(有金属化孔)单双面挠性印制板规范(1989年11月)；<br>第10/11部分：(有金属化孔)刚—挠双面印制板规范(1989年11月)；<br>第12部分：整体层压拼板规范(多层印制板半成品) |
| 印刷板组装件 | IEC61188 | 印制板和印制板组装件设计与使用；<br>第5-1/2部分，连接部位(连接盘/接点)考虑，通用要求/分立元件；<br>第5-6部分，连接部位(连接盘/接点)考虑，四边带J形引线的芯片载体 |
| | IEC61190 | 电子组装件用连接材料；<br>第1-1部分，高质量电子组装件互连用锡焊焊剂的要求；<br>第1-2部分，高质量电子组装件互连用焊锡膏的要求；<br>第1-3部分，电子锡焊用电子级锡焊合金，以及带焊剂与不带焊剂整体焊锡的要求 |
| | IEC61192 | 锡焊电子组装件工艺要求：<br>第1-1部分总则；<br>第1-2/3部分表面/通孔安装组装件；<br>第1-4部分安装组装件 |

续表

| 项　目 | 代　号 | 说　　明 |
|---|---|---|
| 印刷板用材料 | IEC61249 | 印制板及其他互连接用材料；<br>覆箔及未覆箔增强基材，限定可燃性 |
|  | IEC62090 | 2002 使用条码和二维符号的电子元件产品包装标签 |
|  | IEC62326-1 | 2002 印制板第 1 部分总规范(第 2 版)(代替 1998 年的第 1 版)；<br>PCB 及相关材料 IEC 标准信息 |

(3) IEC 与 ISO 的关系

IEC 与 ISO 的共同之处是它们使用共同的技术工作准则，遵循共同的工作程序。在信息技术方面，ISO 与 IEC 成立了联合技术委员会(JTCI)，负责制订信息技术领域中的国际标准，秘书处由美国国家标准学会(ANSI)担任。它是 ISO、IEC 最大的技术委员会，其工作量几乎是 ISO、IEC 的 1/3(发布的国际标准也是 1/3)，且更新很快。该委员会下设 20 多个分委员会，其制订的最有名的 OSI(开放系统互联)标准成为各计算机网络之间进行接口的权威技术，为信息技术的发展奠定了基础。IEC 与 ISO 使用共同的情报中心，为各国及国际组织提供标准化信息服务，相互之间的关系越来越密切。

IEC 与 ISO 最大的区别是工作模式不同。ISO 的工作模式是分散型的，技术工作主要由各国的技术委员会秘书处管理，ISO 中央秘书处负责协商，只有到了国际标准草案(DIS)阶段 ISO 才予以介入。而 IEC 采取集中管理模式，即所有的文件从一开始就由 IEC 中央办公室负责管理。

**2. ANSI**

美国国家标准学会(American National Standards Institute，ANSI)是非营利性质的民间标准化团体，已经成为美国国家标准化中心，起到了政府和民间标准化系统之间的桥梁作用。

一些组织(如 EIA、IPC、军事及其他组织)与 ANSI 联合，共同制定发布了一系列有关 SMT 的标准。最初制定的 6 个标准有工艺 ANSI/J-STD-001、元件可焊性 ANSI/J-SID-002、基板可焊性 ANSI/J-STD-003、助焊剂 ANSI/J-STD-004、焊锡膏 ANSI/J-STD-005 和固态焊料 ANSI/J-STD-006。后来其又制定了倒装芯片(FC)ANSI/J-STD-012 和球栅阵列(BGA)ANSI/J-STD-013。

1918 年美国工程标准委员会(AESC)成立，1969 年 10 月 6 日改为美国国家标准学会(ANSI)。ANSI 现有工业学会、协会等团体会员约 200 个，公司(企业)会员约 1400 个。其经费来源于会费和标准资料的销售收入，无政府基金。美国国家标准局(NBS)的工作人员和美国政府的其他许多机构的官方代表也通过各种途径参与美国标准学会的工作。

ANSI 促进了美国国家标准在国际上的推广和应用，在世界两大标准化组织 ISO 和 IEC 内，是唯一代表美国的组织。ANSI 担当 ISO 的秘书处，是 ISO 的基本成员之一，并主要从事管理活动。此外，ANSI 还是 ISO 的五个固定常务会议成员之一。ANSI 通过美国国家委员会(USNC)加入 IEC，USNC 是 IEC 管理委员会的 12 个成员之一。

**3. EIA**

美国电子工业协会(Electronic Industries Alliance，EIA)创建于 1924 年，现在 EIA 成员已超过 500 名，代表美国 2000 亿美元产值的电子工业制造商成为纯服务性的全国贸易组织。EIA成员的位置对于全美境内所有的从事电子产品制造的厂家都开放，一些其他的组织经过批准也可以成为EIA的成员。

电子器件工程联合会(Joint Electron Device Engineering Council，JEDEC)是属于EIA的半导体工程标准化组织，其制定的标准覆盖了整个电子工业领域。JEDEC由EIA在1958年创建，当时只涉及分立半导体器件的标准化工作，1970年以后范围有所扩展，增加了集成电路部分。JEDEC有11个主要的委员会和许多分委员会，目前有300多家公司成员加入到JEDEC中，包括半导体元件和其他相关领域的制造商和用户。

**4. IPC**

封装与互连协会(Institute for Packagingand Interconnect，IPC)由300多家电子设备与印制电路制造商，以及原材料与生产设备供应商等组成，下设若干技术委员会。表面贴装设备制造商联合会(Surface Mount Equipment Manufactures Association，SMEMA)现在已经并入IPC。IPC还包括IPC设计者协会(主要是PWB印制电路板的设计者)、互连技术研究会(Interconnection Technology Research Institute，ITRI)和表面安装委员会(Surface Mount Council，SMC)。

SMEMA制定了关于表面安装组装设备的设计和制造标准，共有6个，它们分别为SMEMA1.2机械设备接口标准、SMEMA3.1基准标记标准、SMEMA4再流术语和定义、SMEMA5丝网印刷术语和定义、SMEMA6清洗术语和定义(关于印制电路板的清洗)、SMEMA7点涂术语和定义。

IPC的关键标准有工艺IPC-A-610、焊盘设计IPC-SM-782、潮湿敏感性元件IPC-SM-786、表面贴装胶黏剂IPC-SM-817、印制电路板接收准则IPC-A-600、电子组装的返工IPC-7711、印制电路板的修理和更改IPC-7722、术语和定义IPC-50。此外，还有一个测试方法手册IPC-TM-650，对推荐的所有测试方法进行了定义。IPC的其他标准涉及PCB的设计、元件贴装、焊接、可焊性、质量评估、组装工艺、可靠性、数量控制、返修及测试方法。

IPC每个月会通过互联网发布一些有关标准的制定、修改或进展的信息。IPC采用会员制，想要加入IPC的公司或个人只要交纳一定的会费，就可以得到很多优惠，如以低价格购买标准、及时得到标准的修订信息等。

**5. 其他标准化机构**

① 美国机械工程师协会(American Society of Mechanical Engineers，ASME)成立于1881年12月24日，会员约有693000人。ASME主要从事机械工程及其有关领域的科学技术，开展标准化活动，制定机械规范和标准。

② 美国材料与实验协会(American Society for Testingand Materials，ASTM)于1902年成立，1961年改为现用名。ASTM在国内外设有许多分会，拥有会员291000人。ASTM下设138个技术委员会，每个委员会又下设5～10个小组委员会。ASTM主要致力于制定各种材料的性能和实验方法的标准。从1973年起，ASTM扩大了业务范围，开始制定关于产品、系统和服务等领域的实验方法标准。

③ 美国电气和电子工程师学会(Institute of Electrical and Electronics Engineers，IEEE)于1963年由美国电气工程师学会(AIEE)和美国无线工程师学会(IRE)合并而成，是美国规模最大的专业学会。它由大约17万名从事电气工程、电子和有关领域的专业人员组成，分设10个地区和206个地方分会，设有31个技术委员会。IEEE标准的制定内容有电气与电子设备、实验方法、元器件、符号、定义及测试方法等。

**6. 国家标准**

① SJ/T 10668—1995 表面贴装技术术语,包括一般术语,元器件术语,工艺、设备及材料术语,检验及其他术语 4 个部分,适用于电子技术产品表面贴装技术。

② SJ/T 10670—1995 表面贴装工艺通用技术要求,规定了电子技术产品采用表面贴装技术时应遵循的基本工艺要求,适用于以印制板(PCB)为组装基板的表面贴装组件(SMA)的设计和制造,采用陶瓷或其他基板的 SMA 的设计和制造也可参照使用。

③ SJ/T 10669—1995 表面贴装元器件可焊性实验,规定了表面贴装元器件可焊性实验的材料、装置和方法,适用于表面贴装元器件焊端或引脚的可焊性实验。

④ SJ/T 10666—1995 表面贴装组件的焊点质量评定,规定了表面贴装元器件的焊端或引脚与印制板焊盘软纤焊连接所形成的焊点进行质量评定的一般要求和细则,适用于对表面贴装组件焊点的质量评定。

⑤ SJ/T××××—××××焊铅膏状焊料,规定了锡铅膏状焊料(简称焊锡膏)的分类和命名、技术要求、实验方法、检验规则和标志、包装、运输及存储,适用于表面贴装元器件和电子电路互连的软钎焊用的各类焊锡膏。

⑥ SJ/T 10534—1994 波峰焊接技术要求,规定了印制板组装件波峰焊接的基本技术要求、工艺参数及焊后质量的检验。

⑦ SJ/T 10565—1994 印制板组装件装联技术要求,规定了印刷板组装件装联技术要求,适用于单面板、双面板及多层印制板的装联,不适用于表面安装元器件的装联。

## 7.3.2 表面贴装设计与焊盘结构标准

**1. 性能等级(Class)**

① 1 级:通用电子产品,包括消费产品、计算机和外围设备、一般军用硬件。

② 2 级:专用服务电子产品,包括高性能和长寿命的通信设备、复杂的商业机器、仪器和军用设备,允许一定的外观缺陷。

③ 3 级:高可靠性电子产品,包括关键的商业与军事产品设备、不允许故障停机的设备、生命支持或导弹系统,适合于那些要求高水平的保障和服务。

**2. 可生产性级别(Level)**

复杂性的分类不应该与最终产品的性能分类混淆。

① A 级:简单的装配技术,用来描述通孔元件的安装。

② B 级:中等的装配技术,用来描述表面元件的贴装。

③ C 级:复杂的装配技术,用来描述在同一装配中通孔与表面安装的相互混合。

**3. 装配类型(Type)**

装配类型的规定进一步描述了元件是否安装在装配和互连结构的单面或双面。

① 第 1 类型:只在一面安装元件的装配。

② 第 2 类型:两面都有元件的装配。第 2 类型只限 B 级或 C 级的装配。

任何的设计级别都可以应用于任何的最终产品设备类型,因此一个将元件安装在一个面上的中等复杂性类型(1B 类型),当用于第 2 等级的产品时,叫作第 1B 类型、第 2 等级(Type1B,Class2)。等级的选择取决于使用产品的顾客的要求。表 7.3 为 IPC-SM-782 浓缩版焊盘结构标准表。

**表 7.3　IPC-SM-782 浓缩版焊盘结构标准表**

<table>
<tr><th>元件类型</th><th colspan="2">参　数</th><th>等级 1</th><th>等级 2</th><th>等级 3</th></tr>
<tr><td rowspan="5">底部可焊端元件</td><td>最大侧面偏移</td><td>A</td><td colspan="3">不做要求</td></tr>
<tr><td>最大末端偏移</td><td>B</td><td colspan="3">不允许</td></tr>
<tr><td>最小末端焊点宽度</td><td>C</td><td colspan="3">50%W/P</td></tr>
<tr><td>最小侧面焊点长度</td><td>D</td><td colspan="3">如满足其他参数，任何长度的侧面焊点都可接受</td></tr>
<tr><td>最大/小焊点高度</td><td>E</td><td colspan="3">工作要求（正常湿润）</td></tr>
<tr><td rowspan="7">片式元件——<br>矩形或方形</td><td>最大侧面偏移</td><td>A</td><td colspan="3">50%W/P</td></tr>
<tr><td>最大末端偏移</td><td>B</td><td colspan="3">不允许</td></tr>
<tr><td>最小末端焊点宽度</td><td>C</td><td colspan="3">50%W/P</td></tr>
<tr><td>最小侧面焊点长度</td><td>D</td><td colspan="3">不做要求</td></tr>
<tr><td>最大焊点高度</td><td>E</td><td colspan="3">不接触元件本体</td></tr>
<tr><td>最小焊点高度</td><td>F</td><td colspan="3">正常湿润</td></tr>
<tr><td>末端重叠</td><td>J</td><td colspan="3">重叠部分可见</td></tr>
<tr><td rowspan="7">圆柱形</td><td>最大侧面偏移</td><td>A</td><td colspan="3">25%W/P</td></tr>
<tr><td>最大末端偏移</td><td>B</td><td colspan="3">不允许</td></tr>
<tr><td>最小末端焊点宽度</td><td>C</td><td>正常湿润</td><td colspan="2">50%W/P</td></tr>
<tr><td>最小侧面焊点长度</td><td>D</td><td>正常湿润</td><td>50%T/S</td><td>75%T/S</td></tr>
<tr><td>最大焊点高度</td><td>E</td><td>不接触元件本体</td><td></td><td></td></tr>
<tr><td>最小焊点高度</td><td>F</td><td colspan="2">正常湿润</td><td>G+25%H 或<br>G+1 mm</td></tr>
<tr><td>末端重叠</td><td>J</td><td>正常湿润</td><td>50%T</td><td>75%T</td></tr>
<tr><td rowspan="6">城堡式元件</td><td>最大侧面偏移</td><td>A</td><td colspan="2">50%W</td><td>25%W</td></tr>
<tr><td>最大末端偏移</td><td>B</td><td colspan="3">不允许</td></tr>
<tr><td>最小末端焊点宽度</td><td>C</td><td colspan="2">50%W</td><td>75%W</td></tr>
<tr><td>最小侧面焊点长度</td><td>D</td><td>正常湿润</td><td colspan="2">50%For50%S</td></tr>
<tr><td>最大焊点高度</td><td>E</td><td colspan="3">不做要求</td></tr>
<tr><td>最小焊点高度</td><td>F</td><td>正常湿润</td><td colspan="2">G+25%H</td></tr>
<tr><td rowspan="6">扁平、L 形和<br>翼型引脚</td><td>最大侧面偏移</td><td>A</td><td colspan="2">50%W 或 0.5 mm</td><td>25%W 或 0.5 mm</td></tr>
<tr><td>最大末端偏移</td><td>B</td><td colspan="3">不违反最小电气间隙</td></tr>
<tr><td>最小末端焊点宽度</td><td>C</td><td colspan="2">50%W</td><td>75%W</td></tr>
<tr><td>最小侧面焊点长度</td><td>D</td><td>W 或 0.5 mm</td><td colspan="2">W;75%L</td></tr>
<tr><td>最大焊点高度</td><td>E</td><td colspan="3">未接触原件体或末端封装——高引脚</td></tr>
<tr><td>最小焊点高度</td><td>F</td><td>正常湿润</td><td>G+50%T</td><td>G+T</td></tr>
</table>

**续表**

<table>
<tr><th>元件类型</th><th colspan="2">参　数</th><th>等级 1</th><th>等级 2</th><th>等级 3</th></tr>
<tr><td rowspan="7">圆形或扁圆引脚</td><td>最大侧面偏移</td><td>A</td><td colspan="2">50%W</td><td>25%W</td></tr>
<tr><td>最大末端偏移</td><td>B</td><td colspan="3">不违反最小电气间隙</td></tr>
<tr><td>最小末端焊点宽度</td><td>C</td><td colspan="2">正常湿润</td><td>75%W</td></tr>
<tr><td>最小侧面焊点长度</td><td>D</td><td colspan="2">W</td><td>150%W</td></tr>
<tr><td>最大焊点高度</td><td>E</td><td colspan="3">未接触原件体或末端封装</td></tr>
<tr><td>最小焊点高度</td><td>F</td><td>正常湿润</td><td>G+50%T</td><td>G+T</td></tr>
<tr><td>最小侧面焊点高度</td><td>Q</td><td>正常湿润</td><td colspan="2">500%W/T</td></tr>
<tr><td rowspan="6">J 形引脚</td><td>最大侧面偏移</td><td>A</td><td colspan="2">50%W</td><td>25%W</td></tr>
<tr><td>最大末端偏移</td><td>B</td><td colspan="3">不做要求</td></tr>
<tr><td>最小末端焊点宽度</td><td>C</td><td colspan="2">50%W</td><td>75%W</td></tr>
<tr><td>最小侧面焊点长度</td><td>D</td><td>正常湿润</td><td colspan="2">1500%W</td></tr>
<tr><td>最大焊点高度</td><td>E</td><td colspan="3">未接触元件体</td></tr>
<tr><td>最小焊点高度</td><td>F</td><td>正常湿润</td><td>G+50%T</td><td>G+T</td></tr>
<tr><td rowspan="6">I 形引脚</td><td>最大侧面偏移</td><td>A</td><td>25%W</td><td>不允许</td><td></td></tr>
<tr><td>最大末端偏移</td><td>B</td><td colspan="2">不允许</td><td></td></tr>
<tr><td>最小末端焊点宽度</td><td>C</td><td colspan="2">75%W</td><td></td></tr>
<tr><td>最小侧面焊点长度</td><td>D</td><td colspan="2">不做要求</td><td></td></tr>
<tr><td>最大焊点高度</td><td>E</td><td colspan="2">正常湿润</td><td></td></tr>
<tr><td>最小焊点高度</td><td>F</td><td colspan="2">0.5 mm</td><td></td></tr>
<tr><td rowspan="6">扁平焊片</td><td>最大侧面偏移</td><td>A</td><td>50%W</td><td>25%W</td><td>不允许</td></tr>
<tr><td>最大末端偏移</td><td>B</td><td>不违反最小<br>电气间隙</td><td colspan="2">不允许</td></tr>
<tr><td>最小末端焊点宽度</td><td>C</td><td>50%W</td><td>75%W</td><td>100%W</td></tr>
<tr><td>最小侧面焊点长度</td><td>D</td><td>正常湿润</td><td>L-M</td><td>L-M</td></tr>
<tr><td>最大焊点高度</td><td>E</td><td colspan="2">未定义</td><td>G+T+1.0 mm</td></tr>
<tr><td>最小焊点高度</td><td>F</td><td colspan="2">正常湿润</td><td>G+T</td></tr>
<tr><td rowspan="4">底部可焊端<br>高外形元件</td><td>最大侧面偏移</td><td>A</td><td>50%W</td><td>25%W</td><td>不允许</td></tr>
<tr><td>最大末端偏移</td><td>B</td><td>不违反最小<br>电气间隙</td><td colspan="2">不允许</td></tr>
<tr><td>最小末端焊点宽度</td><td>C</td><td>50%W</td><td>75%W</td><td>100%W</td></tr>
<tr><td>最小侧面焊点长度</td><td>D</td><td>正常湿润</td><td>50%L</td><td>75%L</td></tr>
</table>

续表

| 元件类型 | 参　数 | | 等级 1 | 等级 2 | 等级 3 |
|---|---|---|---|---|---|
| L 形引脚 | 最大侧面偏移 | A | 50%W | | 25%W/P |
| | 最大末端偏移 | B | 不违反最小电气间隙 | 不允许 | |
| | 最小末端焊点宽度 | C | 50%W | | 75%W/P |
| | 最小侧面焊点长度 | D | 正常湿润 | 50%L | 75%L |
| | 最大焊点高度 | E | G+H | | |
| | 最小焊点高度 | F | 正常湿润 | G+25%H 或 G+0.5 mm | |

## 7.3.3　表面贴装设备性能检测

IPC-9850 对用于表征贴片机技术性能分类、检测的参数、测量程序及计算方法做了定义及规定。标准规定了在进行贴片机性能检测时，应使用这些标准化工具获得并记录涉及贴片机性能检测的全部信息。

**1. 测量工具(Implementation)**

(1) 测量器件样本(Test Components)

标准规定选用五种器件封装形式：QFP100、QFP208、BGA228、1608 电容器、SOIC16。

(2) 检测样板(Test Panel)

规定将选定的器件样本贴装在复贴粘胶带/纸的玻璃检测样板上。这种检测样板称为贴装检测样板(Placement Verification Panel，PVP)。PVP 基准标志的位置符合 NIST 标准的要求，这些基准标志用于贴装及测量设备的定位。

(3) 测量(Measurement)

测量重复性及再现性(GR/R)，确定对同一被测对象的多次测量结果一致性。其要求测量数据的不确定性(6×GR/R 偏差)优于 25%被测对象技术指标。GR/R 关注的是测量数据的一致性，不是测量数据的精确度。

(4) 报告(Report)

IPC-9580-F1 由光学坐标测量系统 CMM 测量器件样本贴装偏差，IPC-9850-F3 用于贴装性能测量表，IPC-9580-F1 为贴装检测数据的测量保证，IPC-9580-F2 是可靠性数据格式，提供用户记录数据所确定的结果。

(5) 数据处理的方法(Data Methods)

贴装偏差数据的统计处理，假定所有的偏差都遵循正态(高斯曲线)分布法则。但事实并非如此，存在其他分布形式的数据也是正常的。标准规定贴片机能力因素 Cpk 为 2.0 和 1.33 两级水平，这表示贴片机的贴装偏差重复性精度分别为 99.9968%、99.9999%。

**2. 贴装性能的检测(Placement Performance Metric)**

IPC-9850-F1 的测量条件部分列出贴装速度和重复性精度/精确度的测量操作过程、贴片机的配置条件。按给定器件的贴装程序，在 4 块检测样板上贴装器件。然后将 4 块检测样板送入光学坐标测量系统(CMM)，测量每个贴装器件沿 $X$、$Y$、$\theta$ 轴向的器件贴装位置偏差。

(1) 重复性精度(Repeatability)

标准偏差表示贴片机在重复贴装一个器件时,所得到的器件贴装位置偏差的离散性。贴装位置偏差的定义是,贴装器件实际中心位置,与相对于检测样板基准标志 CAD 坐标的给定位置间的物理距离。本标准提出一种新的表述方法,把 $X$、$Y$、$\theta$(转动)轴的影响集中起来加以考虑。

(2) Cpk 值限定的标准上下界限

Cpk 值限定的标准上下界限是指贴片机在以检测样板基准标志图形为参考点的 CAD 坐标给定位置上,贴装器件的贴装偏移上下界限。Cpk 为 1.33 时,不合格率为 64 ppm;Cpk 为 2.0 时,不合格率为 0.002 ppm。

(3) 引脚/焊盘搭建对准能力

采用的一种新方法是对 $X$、$Y$、$\theta$(转动)轴误差的作用综合,为一个整体加以考虑,称之为外伸测量法。外伸测量法用于确定引线/引线端-焊盘搭建外伸部分的量度。

**3. 贴装总偏差**

IPC-9850-FI 表有两项指标评估引脚/引线端-焊盘搭建面积的百分比例。这两项指标是根据 IPC-SM-782、IPC-A610 规定的电子产品分类要求的偏移标准界限和表述贴片机贴装能力 Cpk 值(1、2 类的引线宽最大外伸为 50%,3 类的引线宽最大外伸为 25%)来计算的,如表 7.4 所示。

**表 7.4 贴装总偏差表**

| 器件封装类型 | 器件尺寸(长×宽) | 引脚宽度 | 焊盘尺寸(长×宽) | 总偏差标准上下界限(1,2类) | 总偏差标准上下界限(3类) | 备注 |
|---|---|---|---|---|---|---|
| SOIC | 8.89 mm×6.0 mm | 0.42 mm | NA mm×0.60 mm | 0.3001 mm | 0.1951 mm | MLTE≥0.195,引脚/焊盘搭接≥75%;MLTE≥0.3,引脚/焊盘搭接≥50% |
| QFP-100 | 16.0 mm×16.0 mm | 0.20 mm | NA mm×0.30 mm | 0.1502 mm | 0.1002 mm | MLTE≤0.100,引脚/焊盘搭接≥75%;MLTE≥0.15,引脚/焊盘搭接≥50% |
| QFP-208 | 32.0 mm×32.0 mm | 0.20 mm | NA mm×0.30 mm | 0.1502 mm | 0.1002 mm | |
| BGA-228 | 15.0 mm×15.0 mm | 0.50 mm | 0.45Dia $mm^2$ | 0.2073 mm | 0.1143 mm | MLTE≤0.114,引脚/焊盘搭接≥75%;MLTE≥0.207,引脚/焊盘搭接≥50% |

(1) 引脚/焊盘(LTL)

根据贴装器件搭接在焊盘上引脚宽度的百分比计算。因 $X$、$Y$、$\theta$(转动)轴综合偏差造成器件贴装偏差,故以全部引脚中的最大偏差引脚计算该量值。

(2) 球引脚/焊盘(BTL)

根据阵列器件的球引脚或柱引脚搭接在圆焊盘上的面积百分比计算。球引脚与焊盘的搭接按二维数学模型,根据球焊盘与球引脚搭接面积的百分比计算,而不是球引脚在焊盘上的搭接面积比例。

(3) 引脚/引线端与焊盘搭接的 Cpk 值

此值是表征贴片机把器件准确贴装到印制板上并对应焊盘的贴装能力的参数,取决于器件封装形式的不同。器件贴装在焊盘上的搭接面积比例作为表征贴片机的器件贴装能力,根据电子装联标准 IPC-SM-782 的要求,其为相对于 50%和 75%搭接面积标准计算得到的 Cpk 值。

## 7.4 ISO 系列标准

### 7.4.1 ISO9000 系列标准



ISO 是国际标准化组织(International Organization Standardization)的英文缩写,该组织于 1947 年成立,总部在瑞士的日内瓦。ISO 系列标准是国际标准化组织质量管理和质量保证技术委员会于 1987 年颁布的质量保证标准,它包括:

ISO9000 质量管理和质量保证标准—选择和使用指南;

ISO9001 质量体系—设计/开发、生产、安装和使用指南;

ISO9002 质量体系—生产、安装和服务的质量模式;

ISO9003 质量体系—最终检验和实验的质量保证模式;

ISO9004 质量体系—质量管理和质量体系要素指南;

ISO14001 环境管理体系;

OHSAS18001 职业安全体系。

随着越来越激烈的市场竞争,认证作为提高企业管理水平和信誉的一种手段,已被越来越多的企业接受。目前,我国为质量体系认证提供的依据标准有 ISO9000、ISO14000 及 QS9000 标准。

#### 7.4.1.1 ISO9000 标准

ISO9000 标准是质量管理和质量保证的总称,我国也采用等同的国家标准代号为 GB/T 19000 标准。表 7.5 所示为 ISO9000 标准的发展经历阶段。该国家标准发布于 1987 年,于 1994 年进行了部分修订,包括了约 25 个标准,1994 版和 2000 版并轨使用 3 年,1994 版于 2003 年年底废止。ISO9000 标准总结了各工业发达国家在质量管理方面的先进经验,主要用于企业质量管理体系的建立、实施和改进,为企业在质量管理和质量保证方面提供了指南。其中,ISO9001、ISO9002、ISO9003 标准是针对企业产品生产的不同过程制订的 3 种模式化的质量保证要求,作为质量管理体系认证的审核依据。目前,世界上 80 多个国家和地区的认证机构,均采用这 3 个标准进行第三方的质量管理体系认证。

**表 7.5　ISO9000 标准的发展经历阶段**

<table>
<tr><th>阶　段</th><th>国际标准(ISO)</th><th>国家标准(GB/T)</th></tr>
<tr><td rowspan="2">建立 ISO9000 系列标准</td><td rowspan="2">1987 年发布第一版</td><td>1990 年国内编制了等效采用标准</td></tr>
<tr><td>1991 年由等效改为等同</td></tr>
<tr><td>通用性、指导性的标准</td><td>1994 年发布了 ISO9000 系列标准,得到广泛应用,但是对于制造业以外的行业不太适合</td><td>GB/T 19001—1994</td></tr>
<tr><td rowspan="4">2000 版的修改</td><td>1996 年提出修改纲领</td><td rowspan="4">我国发布 GB/T 19001—2000 版,并于 2001 年 6 月 1 日正式实施</td></tr>
<tr><td>1997 年发布 WD1、2、3 稿,工作组草案</td></tr>
<tr><td>1999 年发布 DIS 稿</td></tr>
<tr><td>2000 年发布 FDIS 稿</td></tr>
</table>

**1. 质量体系**

质量体系是实施质量管理所需的组织结构、程序、过程和资源,包括管理责任、质量系统、合约审查、设计管制、文件与数据的管制、采购、顾客提供产品的管制、产品的鉴别与追溯性、制程管制、检验与测试、量测与测验设备的管制、不合格品的管制、矫正与预防措施、包装、保存与交货、质量记录的管制、内部质量稽核、训练、服务。

**2. 质量方针**

质量方针是由组织的最高管理者正式颁布的该组织总的质量宗旨和质量方向。实施质量方针包括:确定质量目标;建立和实施适合于需要的质量体系;配备合适的资源;执行质量计划,包括针对某项产品、项目或合同制订专门的质量计划;采取质量控制、质量保证、质量改进的措施;进行质量体系评审;必要时修改质量体系,保持其持续性、适用性、有效性。

**3. ISO9000 标准的"五阶段十二个步骤"**

第一阶段:培训,职责分配,建立组织,系统调查-诊断,职责分配-体系设计。

第二阶段:编写文件,试运行。

第三阶段:内部审核,管理评审,正式运行。

第四阶段:模拟审核,提出认证申请。

第五阶段:正式审核,体系维持与不断改进。

### 7.4.1.2　2000 版 ISO9001 标准

2000 版 ISO9000 标准取代了 1994 版 ISO9001、ISO9002、ISO9003 三个标准,成为用于审核和第三方认证的唯一标准。我国国家质量技术监督局已将 2000 版 ISO9000 族标准等同采用为我国的国家标准,其标准编号及与 ISO 标准的对应关系分别为

① GB/T 19000—2000《质量管理体系基础和术语》。

② GB/T 19001—2000《质量管理体系要求》。

③ GB/T 19004—2000《质量管理体系业绩改进指南》。

**1. 2000 版 ISO9000 标准的特点**

(1) 标准具有广泛的适用性

2000 版 ISO9001 标准作为通用的质量管理体系标准,可适用于各类组织,不受组织类

型、规模、经济技术活动领域或专业范围、提供产品种类的影响和限制。

任何组织的质量管理体系应考虑以下四个重要组成部分：

① 管理职责包括方针、目标、管理承诺、职责与权限、策划、顾客需求、质量管理体系和管理评审等内容。

② 资源管理包括人力资源、信息资源、设施设备和工作环境等内容。

③ 过程管理包括顾客需求转换、设计、采购、产品生产与服务提供等内容。

④ 测量分析与改进包括信息测评、质量管理体系内审、产品监测和测量、过程监测和测量、不合格品控制、持续改进、纠正和预防措施等内容。

标准中使用的术语——“产品”一词有双重含义。术语“产品”既可意指有形的实物产品，也可意指“服务”。

组织采用该标准建立质量管理体系，其主要目的是展现组织有能力持续提供满足顾客需求和相关法律、法规要求的产品，能增强顾客的信任。明显改善了 ISO9000 系列标准与 ISO14000 系列标准的兼容性，为 1994 版 ISO9001、ISO9002、ISO9003 标准的用户提供了便利。

(2) 标准条款和要求的可取舍性

2000 版 ISO9001 标准通过“1.2 标准适用范围”条款给出对不适用的标准条款和要求进行删减的可能性。这意味着，组织在采用新标准的过程中，可根据其质量管理体系的需求和应用范围对标准条款和要求做出取舍，删减不适用的标准条款。标准的符合性声明可通过组织的自我声明、第二方考核或第三方认证来完成。

(3) 有效解决质量管理体系文件的可操作性

2000 版 ISO9001 标准建立了一种简单的文件格式以适用于不同规模的组织。质量管理体系文件的精简，使得组织可采用更灵活和有效的方式构造质量管理体系，也使组织能以最少量的文件需求全面展示其对过程的有效策划、运行和控制。



**2. ISO2000 版八项质量管理原则**

新版 ISO9000 标准代替 1994 版 ISO9000 标准，在内容上有了很大变化。其中新增加的一个非常重要的内容就是八项质量管理原则。它是新标准的理论基础，又是组织领导者进行质量管理的基本原则，八项质量管理原则是新版 ISO9000 标准的灵魂。

(1) 原则 1，以顾客为中心

组织依存于顾客，组织应理解顾客当前的和未来的需求，满足顾客要求并争取超越顾客期望。顾客是每一个组织存在的基础，顾客的要求是第一位的，组织应调查和研究顾客的需求和期望，并把它转化为质量要求。

(2) 原则 2，领导作用

领导必须将本组织的宗旨、方向和内部环境统一起来，并创造使员工能够充分参与实现组织目标的环境。最高管理者具有决策和领导一个组织的关键作用。为了营造一个良好的环境，最高管理者应建立质量方针和质量目标，关注顾客要求，确保建立和实施一个有效的质量管理体系，确保应有的资源，并随时将组织运行的结果与目标比较，根据情况决定实现质量方针、目标的措施，决定持续改进的措施。

(3) 原则 3，全员参与

各级人员是组织之本，只有他们的充分参与，才能使他们的才干为组织带来最大的收益。全体职工是每个组织的基础。组织的质量管理不仅需要最高管理者的正确领导，还有赖于全员的参与。

(4) 原则 4,过程方法

将相关的资源和活动作为过程进行管理,可以更高效地得到期望的结果。过程方法的原则不仅适用于某些简单的过程,还适用于由许多过程构成的过程网络。在应用于质量管理体系时,2000 版 ISO9000 标准建立了一个过程模式。此模式把管理职责、资源管理、产品实现、测量分析和改进作为体系的四大主要过程,描述其相互关系,并以顾客要求为输入、提供给顾客的产品为输出,通过信息反馈来测定顾客的满意度,评价质量管理体系的业绩。

(5) 原则 5,管理的系统方法

针对设定的目标,识别、理解并管理一个由相互关联的过程所组成的体系,有助于提高组织的有效性和效率。这种建立和实施质量管理体系的方法,既可用于新建体系,也可用于现有体系的改进。此方法的实施可在三个方面受益:一是提供对过程能力及产品可靠性的信任;二是为持续改进打好基础;三是使顾客满意,最终使组织获得成功。

(6) 原则 6,持续改进

持续改进是组织的一个永恒的目标。在质量管理体系中,改进是指产品质量、过程及体系有效性和效率的提高。持续改进包括:了解现状;建立目标;寻找、评价和实施解决办法;测量、验证和分析结果,把更改纳入文件等活动。

(7) 原则 7,基于事实的决策方法

对数据和信息的逻辑分析或直觉判断是有效决策的基础。以事实为依据做决策,可防止决策失误。在对信息和资料做科学分析时,统计技术是最重要的工具之一。统计技术可用来测量、分析和说明产品和过程的变异性,也可以为持续改进的决策提供依据。

(8) 原则 8,互利的供方关系

通过互利的关系,增强组织及其供方创造价值的能力。供方提供的产品对组织向顾客提供满意的产品产生重要影响,因此处理好与供方的关系,影响到组织能否持续稳定地提供给顾客满意的产品。对供方不能只讲控制不讲合作互利,特别对关键供方,更要建立互利关系,这对组织和供方都有利。

## 7.4.2 ISO14000 系列标准

ISO14000 系列标准是由国际标准化组织(ISO)第 207 技术委员会(ISO/TC207)组织制订的环境管理体系标准,其标准号为 14001～14100,共有 100 个标准号,统称为 ISO14000 系列标准。它是顺应国际环境保护的发展,依据国际经济贸易发展的需要而制定的。目前正式颁布的有 ISO14001、ISO14004、ISO14010、ISO14011、ISO14012、ISO14040 等 6 个标准,其中 ISO14001 是系列标准的核心标准,也是唯一可用于第三方认证的标准。

**1. ISO14000 与 ISO9000 比较**

① 两套标准都是 ISO 组织制订的针对管理方面的标准,都是国际贸易中消除贸易壁垒的有效手段。

② 如表 7.6 所示,两套标准的要素有相同或相似之处。两套标准最大的区别在于面向的对象不同,ISO9000 标准面向顾客,ISO14000 标准面向政府、社会和众多相关方(包括股东、货款方、保险公司等)。ISO9000 标准缺乏行之有效的外部监督机制,而实施 ISO14000 标准的同时,就要接受政府、执法当局、社会公众和各相关方的监督。

表 7.6 ISO14000 与 ISO9000 的比较

| ISO14000 | ISO9000 |
|---|---|
| 环境方针 | 质量方针 |
| 组织结构和职责 | 职责与权限 |
| 人员环境培训 | 人员质量培训 |
| 环境信息交流 | 质量信息交流 |
| 环境文件控制 | 质量文件控制 |
| 应急准备和响应 | 部分与消防安全的要求相同 |
| 不符合、纠正和预防措施 | 不符合、纠正和预防措施 |
| 环境记录 | 质量记录 |
| 内部审核 | 内部审核 |
| 管理评审 | 管理评审 |



③ 两套标准的部分内容和体系的思路有着本质的不同，包括环境因素识别和环境因素的评价与控制。环境因素识别适用于环境法律、法规的识别、获取、遵循状况评价和跟踪最新法规，环境因素识别和环境因素的评价与控制适用于环境目标指标方案的制订和实施完成等，以期预防污染、节能降耗、提高资源能源利用率，最终达到对环境持续改进的目的。

**2. ISO14000 申请认证**

企业建立的环境管理体系要申请认证，如表 7.7 所示，必须满足两个基本条件，即遵守环境法律、法规、标准和总量控制的要求，且体系试运行满 3 个月。上述的环境法律、法规、标准和总量控制的要求包括国家和地方的要求。ISO9000 体系与 ISO14000 体系是相对独立又互相联系和作用的两个体系，因此可以申请建立 ISO14000 体系。

表 7.7 ISO14000 环境管理体系建立表

| 序号 | 阶 段 | 主 要 工 作 |
|---|---|---|
| 1 | 领导决策与准备 | ① 最高管理者决策，建立环境管理体系；<br>② 任命环境管理者代表；<br>③ 提供资源保障：人、财、物 |
| 2 | 初始环境评审 | ① 组成评审组，包括从事环保、质量安全等工作的人员；<br>② 获取适用的环境法律、法规和其他要求，评审组织环境行为与法律法规符合；<br>③ 识别组织活动、产品、服务中的环境因素，评价出重要环境因素；<br>④ 评价现有有关环境的管理制度与 ISO14001 标准的差距；<br>⑤ 形成初始环境评审报告 |
| 3 | 体系策划与设计 | ① 制定环境方针；<br>② 制定目标、指标、环境管理方案；<br>③ 确定环境管理体系的构架；<br>④ 确定组织机构与职责；<br>⑤ 策划哪些活动需要制定运行控制程序 |

**续表**

| 序号 | 阶　段 | 主 要 工 作 |
| --- | --- | --- |
| 4 | 环境管理体系文件编制 | ① 组成体系文件编制小组；<br>② 编写环境管理手册、程序文件、作业指导书；<br>③ 修改 1～2 次，正式颁布，环境管理体系开始试运行 |
| 5 | 体系试运行 | ① 进行全员培训；<br>② 按照文件规定去做，目标、指标、方案的层层落实；<br>③ 对合同方、供货方的工作，通报环境管理要求；<br>④ 日常体系运行的检查、监督、纠正；<br>⑤ 根据试运行的情况对环境管理体系文件进行再修改 |
| 6 | 内审 | ① 任命内审组长，组成内审组；<br>② 进行内审员培训；<br>③ 制订审核计划，编写检查清单，实施内审；<br>④ 对不符合者分析原因，采取纠正预防措施，进行验证；<br>⑤ 编写审核报告，报送最高管理者 |
| 7 | 管理评审 | ① 环境管理者代表负责收集充分的信息；<br>② 由最高管理者评审体系的持续适用性、充分性、有效性；<br>③ 评审方针的适宜性、目标指标、环境管理方案完成的情况；<br>⑤ 指出方针、目标及其他体系要素需改进的方面；<br>⑤ 形成管理评审报告 |

申请受理后，认证机构进入第 1 阶段审核，这一阶段主要审核体系文件和体系的策划设计、内审和管理评审，结合现场审核，确认审核范围，提出整改意见。企业整改合格后，进入第 2 阶段审核，这一阶段主要是现场审核，审核结束后，认证机构根据审核结果进行认证技术评定，并报环境认证委进行复审、备案和统一编号。最后，合格者予以颁发证书，证书有效期为三年。

**3. ISO14001 环境管理体系的主要特点**

① 强调法律法规的符合性。ISO14001 标准要求实施这一标准的组织的最高管理者必须承诺符合有关环境法律法规和其他要求。

② 强调污染预防。污染预防是 ISO14001 标准的基本指导思想，即应首先从源头考虑如何预防和减少污染的产生，而不是末端治理。

③ 强调持续改进。ISO14001 没有规定绝对的行为标准，在符合法律法规的基础上，企业需要进行持续改进。

④ 强调系统化、程序化的管理和必要的文件支持。

⑤ 自愿性。ISO14001 标准不是强制性标准，可根据自身需要自主选择是否实施。

⑥ 可认证性。ISO14001 标准可作为第三方审核认证的依据，因此企业通过建立和实施 ISO14001 标准可获得第三方审核认证证书。

⑦ 广泛适用性。ISO14001 标准不仅适用于企业，同时也适用于事业单位、商行、政府机构、民间机构等任何类型的组织。

ISO 标准是 SMT 生产的重要依托。

# 参 考 文 献

[1] 顾霭云，张海程，徐民.表面组装技术(SMT)基础与通用技术[M].北京:电子工业出版社,2014.
[2] 郎为民,稽英华.表面组装技术(SMT)及其应用[M].北京:机械工业出版社,2007.
[3] 龙绪明.电子表面组装技术-SMT[M].北京:电子工业出版社,2008.
[4] 贾忠中.SMT 核心公益解析与案例分析[M].北京:电子工业出版社,2013.
[5] 顾霭云.表面组装技术(SMT)基础与可制造性设计(DFM)[M].北京:电子工业出版社,2008.